彩图1　余茭4号及茭白田

彩图2　茭白田套养中华鳖

彩图3 莲 藕

彩图4 播种萝卜

彩图5 萝卜破膜

彩图6　给萝卜浇水

彩图7　中耕除草后的萝卜田

彩图8　采收萝卜

彩图9　鄞雪182（雪菜）

彩图10 紫雪1号（雪菜）

彩图11 高 菜

彩图12 慈溪大粒1号

彩图13 慈蚕1号

彩图14 芋 芡

彩图15 板蓝根

彩图16 荠　菜

彩图17　蒲公英

彩图18　马兰头

彩图19 罗勒（金不换）

彩图20 马齿苋

彩图21 紫背天葵

彩图22　观赏莲藕

彩图23　羽衣甘蓝

NANFANG TESE SHUCAI
GAOXIAO SHENGCHAN JISHU

南方特色蔬菜
高效生产技术

翁丽青　孟秋峰　郑华章　主编

中国农业出版社
北　京

主　　编：翁丽青　孟秋峰　郑华章

副 主 编：郑春龙　杨伟斌　王　斌　周洁萍

　　　　　王　洁

参编人员（按姓氏笔画排序）：

马建芳　王先挺　王华英

李　燕　李水凤　李能辉

李鲁峰　汪红菲　陈妙金

陈英子　邵园园　周南锸

耿书德　贾世燕　顿兰凤

徐　美　高天一　郭斯统

曹亮亮　谭亮萍　魏　杰

FOREWORD　前　言

　　南方地区是指我国东部季风区的南部，主要是秦岭—淮河一线以南的地区。该区地势西高东低，地形为平原、盆地与高原，位于第二、三级阶梯，丘陵交错。平原地区河湖众多，水网纵横，具有典型的南国水乡特色，其中以长江中下游平原地区分布最为集中。气候以热带亚热带季风为主，夏季高温多雨，冬季温和少雨。南方地区气候环境等条件最适合蔬菜生长，是我国蔬菜的重要产区。据不完全统计，我国南方地区种植的蔬菜种类有六七十种。由于篇幅和精力有限，本书选取水生蔬菜、药用蔬菜、观赏蔬菜等几类具有南方特色的蔬菜加以介绍。

　　充分了解南方特色蔬菜遗传、育种和栽培等方面的知识，能够为南方地区蔬菜全产业链的产品优化升级和产业兴旺提供扎实的理论基础，对于助力农业供给侧结构性改革、促进农民增收和农业增效具有十分重要的意义。截至目前，国内外许多专家学者在蔬菜遗传、育种和栽培等方面做了大量的研究工作。本书在充分参考前人优秀科研成果的基础上，结合编者自身的研究特长以及多年来的实践经验，分别从起源与分布、形态和生长习性、品种类型、主要新品种、栽培技术、高效种（养）模式等方面对茭白、莲藕等多种南方特色蔬菜的优质高效生产技术进行了科学总结和精心归纳，以期能够抛砖引玉，对广大南方地区蔬菜科技工作者、基层农技推广人员、蔬菜种植基地技术和管理人员以及种植农户有所启发，从而加快南方特色蔬菜优良品种及高效栽培技术的应用和推广，切实帮助广大菜农学习掌握实用技术知识、提高种植经济效益，进一步推动南方蔬菜产业的可持续发展。

本书编写团队长期从事南方特色蔬菜的研究工作，理论和实践经验丰富。编写团队广泛收集了国内外有关资料，撰写初稿，经过 5 次汇总讨论后，修改成书。希望能够向国内外展示我国南方特色蔬菜的研究成果，在国内可以作为各层次科技人员参考应用的书籍。

本书的编写得到了浙江省农业科学院、宁波市农业科学研究院及有关部门领导的关心和支持，浙江省农业科学院植物保护与微生物研究所陈建明研究员、浙江省农业技术推广中心胡美华研究员、宁波市农业科学研究院的王毓洪研究员对本书的有关内容进行了审阅指正，并提供了部分相关资料。本书也得到了余姚市农业技术推广服务总站和有关乡镇的大力资助。在此向他们以及所参考引用的图书、论文、资料的作者致以衷心的感谢。

　　由于本书编写任务较重且时间紧迫，更限于编者的能力和水平，错误和不当之处在所难免，敬请广大读者和同行批评指正！

编　者

2019 年 5 月

CONTENTS 目 录

前言

目　录

　　　　　　　第一章　绪　　论

第一节　特色蔬菜的营养价值

　　蔬菜是人们生活必不可少的食物，这是因为蔬菜中含有多种营养元素，是无机盐和维生素的主要来源，尤其是当膳食中缺少牛奶和水果时，蔬菜就显得格外重要。随着人们生活水平的提高和多元化消费需求的发展，蔬菜产业也呈现出许多新的亮点，如阳台蔬菜、屋顶蔬菜、创意菜园等越来越被大众接受和喜爱。药食同源蔬菜、观赏蔬菜等特色蔬菜正是切合了人们的保健需求以及栽培观赏、美化环境、陶冶情操等多重生活的需要，越来越受到重视。我国的南方地区经济发达且气候条件适宜蔬菜作物生长，特色蔬菜产业发展迅速。本书介绍的南方特色蔬菜主要包括茭白、莲藕、萝卜、雪菜、高菜、蚕豆、芋艿以及药食同源特色蔬菜和观赏蔬菜。本节主要介绍前7种南方特色蔬菜的营养价值。

　　1. 茭白　茭白，又名茭笋、菰笋、高笋、高瓜、菰手，古人称茭白为"菰"，是禾本科菰属多年生宿根草本植物，多生长于长江湖地一带，适合在淡水里生长。茭白分为单季茭白和双季茭白（或分为一熟茭和两熟茭），双季茭白（两熟茭）产量较高。在唐代以前，茭白被当作粮食作物栽培，它的种子叫雕胡或菰米，是"六谷"（黍、稷、稌、麦、粱、菰）之一。后来有人发现，菰感染黑粉菌后不能抽穗，但植株并无病象，且茎部不断膨大，逐渐形成纺锤状的肉质茎，即现在食用的茭白。于是，人们开始利用黑粉菌阻止茭白开花结果，繁殖这种畸形植株作为蔬菜食用。目前，世界上只有中国和越南把茭白作为蔬菜栽培。

茭白主要含脂肪、蛋白质、糖类、维生素 C、维生素 B_1、维生素 B_2、维生素 E、矿物质和微量胡萝卜素等。嫩茭白的有机氮素以氨基酸状态存在，并能提供硫元素，味道鲜美，营养价值较高，容易被人体所吸收。但由于茭白含有较多的草酸，其钙质不容易被人体所吸收。茭白不仅水分多、能量低，且膳食纤维丰富，是保持身材的良好选择。此外，茭白还可入药，具有一定的药用价值。医用茭白具有解毒、清热、催乳等作用。其成分之一的豆甾醇能清除体内活性氧，抑制酪氨酸酶活性，阻止黑色素生成；还能软化皮肤表面的角质层，使皮肤润滑细腻。

2. 莲藕　莲藕，别名菡萏、芙蕖、朱华、水芙蓉，莲藕为莲科莲属多年生水生草本植物。莲藕分为花莲、子莲和藕莲，以观赏为目的的品种称为花莲，以食用种子为目的的品种称为子莲，以采食肥大地下茎为目的的品种称为藕莲。莲藕主要分布于中国、日本、印度等国家，主要在沼泽地栽培。我国中部和南部地区多有种植，以湖北为最盛。莲藕喜温，喜光，不宜缺水，叶柄和花梗都较细脆，叶片宽大，最招风折断。其地下膨出肥大的茎为藕，内有管状小孔。清代咸丰年间，莲藕是钦定的御膳贡品。

莲藕脆而微甜，可做菜也可生食，它的根茎叶、花须果实，都可滋补入药，药用价值极高。传统医学认为，藕具有清热、止泻、解酒、益血、生肌、健脾、开胃以及治热淋、热病烦渴、吐血等功效。藕含铁量很高，是缺铁性贫血患者的理想食物。此外，莲还含有大量的维生素 C 和纤维素，且含糖量并不高，适宜肝病、糖尿病患者和便秘、体虚者食用。

3. 萝卜　萝卜，十字花科萝卜属，二年生或一年生草本植物，直根肉质，长圆形、圆锥形或球形，外皮绿色、红色或白色，世界各地都有种植，在气候条件适宜的地区，四季均可种植。多数地区以秋季栽培为主，成为秋、冬季的主要蔬菜之一。在我国，萝卜的主产区包括江苏、安徽、浙江、广东、福建等省。其中，萧山萝卜干是浙江省的地方特色蔬菜，也是中国国家地理标志保护产品。

萝卜的可食用部分为膨大的肉质根；种子、鲜根、枯根、叶皆可入药，种子还可以榨油供工业使用及食用。中医认为，萝卜性凉、味辛甘，有醒酒、化痰、治喘、散瘀、利尿、解毒、补虚、止渴和消食顺气等功效。可用于胃脘胀满、胸闷气喘、咳嗽痰多、伤风感冒、消化不良等症状。萝卜含丰富的碳水化合物、维生素及铁、磷、硫等无机盐类，经常吃萝卜可以促进人体新陈代谢。萝卜中稍带辣味成分的芥子油具有促进肠胃蠕动的功能，能使人增加食欲。萝卜中的淀粉酶、氧化酶等酶类也具有助消化的功能，还可促进食物中的淀粉和脂肪分解，使之得到充分吸收。萝卜中的酶类还能分解致癌物质亚硝胺，木质素能提高人体巨噬细胞的活力。因此，常吃萝卜具有增强免疫力、预防癌症的作用。据《本草纲目》记载，生吃萝卜可止渴消胀气，熟食可以化瘀助消化。民间流传"冬吃萝卜夏吃姜，不劳医生开药方"的说法，虽有些夸张，但说明萝卜在防治疾病中具有一定的作用。

4. 雪菜 雪菜，别名雪里蕻、九头芥、烧菜、排菜、香青菜、春不老、霜不老、飘儿菜、塌棵菜、雪里翁等，是被子植物门十字花科芸薹属植物。雪菜以叶柄和叶片食用，据测定，其营养价值很高，每百克鲜雪菜中有蛋白质1.9克、脂肪0.4克、碳水化合物2.9克、灰分3.9克、钙73～235毫克、磷43～64毫克、铁1.1～3.4毫克，并富含人体正常生命活动所必需的胡萝卜素、硫胺素、核黄素、尼克酸（维生素PP）、抗坏血酸及氨基酸等成分。氨基酸的成分达16种之多，其中尤以谷氨酸（味精的鲜味成分）居多，所以吃起来格外鲜美。

而且谷氨酸、甘氨酸和半胱氨酸合成的谷胱甘肽，是人体内一种极为重要的自由基清除剂，能增强人体的免疫功能。

盐渍加工后的雪菜被称为"咸菜"，用雪菜腌渍的"咸菜"，色泽鲜黄、香气浓郁、滋味鲜美，故在宁波素有"咸鸡"之美称。"咸鸡"可炒、煮、烤、炖、蒸、拌或作配料、汤料、包馅均为上品；同时，由于"咸鸡"微酸，利于生津开胃，在炎夏酷暑，"咸鸡"汤是宁波人极为普通的家常汤料。

5. 高菜 高菜原产于我国四川，其祖先为"宽叶芥菜"，于 1904 年引入日本奈良县，改称"中国野菜"。高菜富有营养且有一定的保健价值。据测定，高菜富含各种维生素和氨基酸，特别是花青素和维生素 P、维生素 K 含量较高。维生素 A、B 族维生素、维生素 C、维生素 D、胡萝卜素和膳食纤维素等都很齐全。据测定，每 100 克鲜菜含花青素 2.6 毫克、维生素 P 0.08 毫克、维生素 K 0.15 毫克、胡萝卜素 0.11 毫克、维生素 B_1 0.04 毫克、维生素 B_2 0.04 毫克、维生素 C 39 毫克、尼克酸 0.3 毫克、糖类 4%、蛋白质 1.3%、脂肪 0.3%、粗纤维 0.9%、钙 100 毫克、磷 56 毫克、铁 1.9 毫克。同时，由于叶色呈紫色，按照蔬菜营养的高低遵循着由深色到浅色的规律，其营养成分仅次于黑色蔬菜，而远远高于绿色、红色、黄色、白色的蔬菜。因此，高菜与其他紫色蔬菜一样，应归属于营养丰富的高档蔬菜。

6. 蚕豆 蚕豆，豆科，一年生草本植物。原产于欧洲地中海沿岸、亚洲西南部至北非。我国各地均有栽培，以长江以南为主。主根短粗，多须根，根瘤密集，粉红色。荚果肥厚，成熟后表皮变为黑色。种子长方圆形，近长方形，中间内凹，种皮革质，青绿色、灰绿色至棕褐色，稀紫色或黑色；种脐线形，黑色。蚕豆可食用，也可作饲料、绿肥和蜜源植物种植。为粮食、蔬菜和饲料、绿肥兼用作物。

蚕豆营养价值丰富，含 8 种必需氨基酸。碳水化合物含量

47%～60%，还含有少量脂肪（0.8%），以及维生素 B_1 和维生素 B_2。蚕豆中的蛋白质是完全蛋白质，生理价值比大豆稍低，但碳水化合物的含量较高，因此也是热能的重要来源。蚕豆的药用价值鲜为人知，除根以外，蚕豆全身都可入药。蚕豆豆粒具有降血脂、利湿、健脾等功效。用蚕豆熬粥可用于治疗脾胃气虚所致的消化不良、腹胀、腹泻、食欲不振、高血压、高血脂、贫血性水肿、慢性肾炎水肿等。蚕豆衣即蚕豆的种皮，除了有利尿、渗湿作用外，还可用于治疗吐血、慢性肾炎、胎漏等症。《现代实用中药》记载："蚕豆叶为止血之剂，治一切出血。"包括消化道出血、肺结核出血、外伤出血等。蚕豆花采收后晒干或烘干，其性味甘平，能止血、凉血，治高血压、鼻出血、血痢、带下、咯血等症。

7. **芋艿** 芋艿又称芋、芋头，单子叶多年生块茎植物，天南星科芋属，常作一年生作物栽培，原产于印度，后由东南亚地区、日本等地引进。我国以珠江流域及台湾地区种植最多，长江流域次之，其他地区也有种植。芋艿可食用部分为地下球茎，肉质、形状因品种而有差异，通常食用的为小芋头。叶片盾形，叶柄长而肥大，紫红色或绿色；植株基部形成短缩茎，逐渐累积养分肥大成肉质茎，呈球形、椭圆形、卵形或块状等，称为"母芋"或"芋头"。母芋每节都有一个脑芽，以中下部节位的腋芽活力最强。母芋发生第一次分蘖，形成小的球茎称为"子芋"，子芋再发生分蘖形成"孙芋"，在条件适宜的情况下，可形成曾孙芋或玄孙芋等。

传统医学认为，芋艿具有消疬散结，以及治疗烫伤、牛皮癣等功效。芋艿适合于体虚者食用，芋艿烹调时一定要熟透，否则其所含的刺激性物质会刺激喉咙，让人食用时产生不舒服感。芋艿可以水煮熟后去皮直接食用或者蘸糖等食用，也可将芋艿去皮切片做汤或与肉类红烧，切勿生吃，生吃容易中毒。

第二节　特色蔬菜的产业发展现状

中共十九大提出实施乡村振兴战略，开启了新时代农业农村现代化的新征程。蔬菜产业作为现代农业的重要组成部分，在推动乡村振兴战略中发挥着极其重要的作用。近年来，随着人们生活水平的不断提高，人们对于具有地方特色的"舌尖上的美味"需求越来越高，南方地区经济发达且气候条件适宜蔬菜作物生长，特色蔬菜产业发展迅速。

一、南方地区发展特色蔬菜产业的优势

1. 自然环境优越　南方地区是指我国东部季风区的南部，主要是秦岭—淮河一线以南的地区，东面和南面分别濒临黄海、东海和南海，大陆海岸线长度占全国的 2/3 以上。地形地貌丰富，主要地形区有长江中下游平原（江汉、洞庭湖、鄱阳湖、长江三角洲）、珠江三角洲平原、江南丘陵、四川盆地、云贵高原、横断山脉、南岭、武夷山脉、秦巴山地、台湾中央山脉、两广丘陵、大别山脉。南方地区以热带亚热带季风气候为主，夏季高温多雨，冬季温和少雨，河流湖泊众多，水资源丰富，特别适合发展特色蔬菜产业。

2. 区位优势明显　南方地区经济发达，我国人口集聚多、创新能力强、综合实力强的三大城市群有两个在南方地区。长江三角洲城市群是"一带一路"与长江经济带的重要交汇地带，在我国现代化建设大局和全方位开放格局中具有举足轻重的战略地位。珠江三角洲城市群是亚太地区最具活力的经济区之一，是有全球影响力的先进制造业基地和现代服务业基地、南方地区对外开放的门户、我国参与经济全球化的主体区域、全国经济发展的重要引擎，还是辐射带动华南、华中和西南地区发展的龙头。优越的地理位置、发达的经济基础为南方特色

蔬菜的发展奠定了坚实的基础，具有较好的发展前景。

3. 科技资源丰富　南方地区蔬菜种植历史悠久、政府重视、科技扶持力度大。另外，南方地区高校林立，拥有浙江大学、南京农业大学、华中农业大学、华南农业大学、福建农林大学等著名学府，中国科学院武汉植物园、中国科学院华南植物园等科研院所云集，在蔬菜育种、栽培、产业发展等方面具有较强的科研实力和师资力量。此外，南方地区在水生蔬菜、喜温蔬菜等方面拥有丰富的种质资源。良好的科技基础为南方特色蔬菜的种植推广提供了技术支持，也为特色蔬菜产业的发展奠定了坚实的基础。

二、存在的问题

1. 种质资源缺乏收集和系统保护　南方地区优越的自然环境和悠久的蔬菜种植历史，形成了各具特色的地方传统蔬菜品种，种质资源十分丰富。但随着社会经济的发展、人口增加、交通条件的改善以及外来品种的大量涌入，新的种群逐渐替代传统的地方品种。由于传统地方特色种质资源常常采用粗放、落后的自交方法代代留种，品种严重退化，许多优异性状已经丢失，种植面积不断缩减，大部分已慢慢退出市场。再加上相关部门在传统地方特色品种方面缺乏系统的收集调查，保护研究工作相当薄弱，传统特色种质资源濒临灭绝。

2. 标准化生产程度不高　现阶段，南方特色蔬菜生产在大部分地区标准化生产水平较低，生产基地不规范，生产管理不到位。有的蔬菜种植户对各类特色蔬菜品种的植物性状掌握浅显，缺乏配套的栽培技术，生产技术含量低；有的缺乏统筹规划，盲目种植，不适应蔬菜生产现代化、标准化的新要求。

3. 加工转化能力较低　大部分南方特色蔬菜销售仍停留在鲜品上，多数未经处理加工直接上市，产品保鲜和加工滞后，初级产品多，产品质量和附加值较低，不利于蔬菜储存、保持供给平衡以及增值增效。

4. 产销结合不紧密　由于受种植习惯、品牌效应、渠道信息等因素影响，产销衔接不到位。产销滞后、脱节，已成为严重制约南方特色蔬菜产业发展的瓶颈。

三、对策建议

1. 加强种质资源收集保护　对南方特色种质资源进行广泛收集和调查研究，通过种质资源农艺性状的综合评价，结合现代分子生物学快速精准的鉴定技术全面鉴定评价其应用价值，收集入库。开展种质资源的长期保存保护技术研究，通过提纯复壮技术、分子育种等选育技术，提纯种性。进一步完善种质资源研究技术，加强种质资源性状鉴定评价体系、地方种质资源圃、种质资源库建设，建立种质资源的保护和繁育基地，并在此基础上进行有序开发利用。

2. 加强标准宣贯，推动生产标准化　加快标准制修订，完善各类南方特色蔬菜的生产标准与技术规程。加强农业标准宣传贯彻与推广使用，集中打造一批特色鲜明、设施标准、管理规范的蔬菜生产基地。推进蔬菜种植户等经营主体按标准规范生产，蔬菜主产区基本实现生产有标准、产出有检测、产品有包装、销售有标识、质量可追溯的蔬菜标准化基地。

3. 实施提升行动，推动加工工业化　淘汰落后产能，大力扶持新型经营主体发展储藏、保鲜、包装、分级等设施设备升级，促进初加工、精深加工、主食加工和综合利用加工协调发展。鼓励企业兼并重组，支持主产区蔬菜就近就地加工转化增值，打造一批产业融合发展示范园、先导区。引导和促进南方特色蔬菜及其加工副产物资源化循环高效利用。

4. 多方法促销售，多产业融合发展　培育南方特色蔬菜种植专业大户，选择适应地区种植、适合地区口感风味和符合市场需求的优良品种种植，有目的、有计划地进行生产，确保专业、优质、绿色、安全，提高市场竞争力。加强品牌建设，打造地方特色品牌，构建产品美誉度，扩大产品市场影响力。

优化销售模式，销售渠道发展线上线下并举。①加强农业信息平台和电子商务平台的有效对接，如微信公众号、社区供应网点、网上商城等，实现产销直接联结；②发展社区销售网点直销，开展优势品种展示展销会等对接活动；③充分利用长江三角洲、珠江三角洲等高端消费市场的区位优势，加强政府相关部门的协作、共赢；④拓展后续附加功能，通过举办美丽乡村休闲观光旅游采摘节、科普教育、亲子游等活动，促进多产业融合发展，实现经济社会和谐发展。

第二章 茭 白

第一节 起源与分布

茭白，学名 *Zizania latifolia*（Griseb.）Turcz. ex Stapf，别名茭笋、茭瓜、茭首、茭耳菜、菰瓜、菰首、菰菜、菰笋、菰手、绿节、出隧等，由于菰茎膨大形成洁白的茭茎，故称茭白。茭白属禾本科菰属，是多年生水生草本植物，一般生于浅水沼泽湖泊区域。据历史记载，茭白原产于中国，是我国特有的水生蔬菜品种。目前，有少量生长于日本以及东南亚的越南和泰国等。据报道，目前在美国也有少量种植。茭白属菰属（*Zizania* L.）植物，是稻族中独立进化的一个亚族。在菰属中，全世界共有 4 个种和 2 个亚种。其中，3 个种和 2 个亚种均分布在美国，分别为水生菰，*Z. aquatica*（亚种为 *Z. aquatica brevis*，称矮生菰）；沼生菰，*Z. palustris*（亚种为 *Z. palustris interior*，称湖生菰）；得克萨斯菰，*Z. texana*。美国这 3 种菰均结种子，已有报道称，美国农业育种学家已将这 3 种菰驯化成栽培品种，用于生产营养价值很高的菰米。菰属的另一个种在中国，为 *Z. latifolia*，通常情况下结茭白，不产种子。

游修龄（1994）经考证后认为，我国古代称"禾、黍、麦、稻、菽"为"五谷"，加"菰"则称"六谷"。茭白株高可达 2 米左右，叶为条状披针形，有平行脉。茎梢上开花，花序大圆锥形，雌花和雄花处于同一花序中，自花授粉后成熟为黑色小型果实，剥去外壳，就是所谓的菰米，也称雕胡米、茭米。早在秦汉以前，菰作为谷物在我国部分地方种植，浙江的湖州因产菰米而有"菰城"的称号。当时，菰米因产量不高而成为珍品，仅供王公贵族享用。公元前 3 世纪至公元前 2 世纪，人们发现有的菰不能开花结实，而基部茎干膨大，形成了肥大的肉质茎，便采集作为蔬菜食用，成为目前的茭白。

1 000 多年前，茭白与鲈、莼菜并称为江南三大名菜。从长江上游的四川到中游的两侧及下游的太湖流域，都分布着大量野菰。自然界里有一种寄生在菰茎中的黑粉菌（Ustilago sp.），当菰茎开始拔节抽穗时，黑粉菌的菌丝就入侵到茎的薄壁组织细胞内，从茎组织获得营养，菌丝的新陈代谢产生一种生长素类的分泌物，刺激薄壁组织的生长，使茎部膨大，成为茭白。因为菰黑粉菌的冬孢子是一直留在田间地下茎越冬的，所以带菌的菰茎像种薯一样，可以留种无性繁殖，世代相传。

茭白在我国栽培面积较广，分布在全国大多数省份，但主要集中在长江中下游省份，包括浙江、江苏、福建、安徽、上海、湖北、江西等。至 2017 年，全国茭白种植面积约 108 万亩*，直接经济效益 50 多亿元。其中，浙江省茭白种植面积约 45 万亩，产量达 70 多万吨，年产值 20 亿元以上，成为种植面积最大的省份。

从我国不同地方的茭白类型来看，在浙江、江苏、上海、安徽、福建、台湾等地多种植一年收获"夏茭"和"秋茭"两季的双季茭，以太湖流域，包括苏州、无锡、杭州、上海、宁波、台州等地种植面积最大；而其他省份，包括湖北、湖南、四川、江西、广东、广西、贵州、河南、山东等地种植每年采收一季的单季茭。由于产业结构的调整，目前许多传统单季茭地区正在推广双季茭，而在许多传统双季茭地区，单季茭也正在向海拔 500 米以上的山区和半山区发展。

---

* 亩为非法定计量单位。1 亩＝1/15 公顷。

第二节　形态和生长习性

一、茭白植株的形态特征

茭白为禾本科多年生水生宿根植物，株高通常在1.6～2.4米，由根、茎、叶组成，其中茎部受黑粉菌感染刺激膨大形成肉质茎，即为食用的茭白。茭白形成后，如过期不采收，菌丝体会继续不断地膨大纵横蔓延，不久生成黑褐色的厚垣孢子，在茭白内呈现黑点并逐渐增大，形成黑条，最后充满整个组织，这种茭白称为灰茭。而有些植株生长特别强健，黑粉菌的菌丝体不能侵入，因而花茎下部不膨大，也不会孕茭，这种植株称为雄茭，雄茭能抽穗开花。茭白的具体形态特征如下：

1. 根　茭白为须根系，着生在茎节上，每个茎节有5～20条须根，短缩茎节上通常有须根10～30条，须根长20～70厘米。新生根粗约1毫米，老根粗1.5～2.0毫米，上附大量根毛。根系主要分布在深30～60厘米、横向半径40～70厘米的范围内。

2. 茎　茭白有短缩茎、根状茎和肉质茎3种。短缩茎直立生长，腋芽休眠或萌动形成分蘖，下节位着生须根。孕茭后，茎节间变长达20～30厘米，茎长达50～100厘米。进入休眠期后，短缩茎的地上部分多枯萎死亡，而地下部分在湿润情况下保持生命力。根状茎由短缩茎上的腋芽萌发形成，粗1～3厘米，具8～20节，节部有叶状鳞片、休眠芽、须根。根状茎一般在第二年初春向上生长，产生分株称游茭苗，3～5株丛生或单生。肉质茎为茭白植株茎端受黑粉菌感染后，黑粉菌分泌吲哚乙酸等激素刺激膨大而成，一般4节，通常第二、三节是主要的食用部分，但随品种不同而不同。肉质茎的形状、大小、光滑度、紧密度、颜色、节间比等性状都是区别品种的主要特性。

3. 叶 茭白的叶由叶鞘和叶片两部分组成。叶鞘肥厚，长 40～60 厘米，自地面向上层层左右互相抱合，形成"假茎"。叶片条形或狭带形，长 150～200 厘米，宽 3～5 厘米，具纵列平行脉，中肋突出。叶片与叶鞘相接处的外侧称叶颈，也称"茭白眼"。茭白栽培品种的颈通常呈黄色，野生茭白通常呈紫红色。在叶片和叶鞘相接处的内侧有一个三角形膜状突起物，称叶舌，可防止异物落入叶鞘。

4. 花果 野生茭白能在 5～8 月抽穗开花。圆锥花序，长 50～70 厘米。种子为颖果，圆柱形，长约 10 毫米，成熟后为金黄色或黑褐色。栽培茭白的雄茭能抽穗开花，但不能形成种子。

由于茭株体内寄生着黑粉菌，其菌丝体随着茭株的生长，到初夏或秋季抽薹时，主茎和早期分蘖的短缩茎上的花茎组织受菌丝体的代谢产物吲哚乙酸等植物激素的刺激，基部 2 节处分生组织细胞增生，膨大成肥嫩的肉质茎（实际上为菌瘿），即食用的茭白肉质茎。雄茭是指少数茭株，黑粉菌的菌丝不能侵入，致使不能形成茭白，至夏秋花茎伸长抽薹开花的茭株，茎梢上能抽出圆锥花序，雌花着生在花序上部，雄花着生在花序下部。灰茭是部分茭株内黑粉菌菌丝体生长迅速，致茭白肉质茎内部充满黑褐色的厚垣孢子，不能食用。

二、茭白的生长习性

茭白的生长周期大致可分为萌芽期、分蘖期、孕茭期和休眠期 4 个阶段。

1. 萌芽期 茭白越冬期间，地上部分枯死，但留在地下短缩茎下的分蘖芽和地下匍匐茎上的分株芽则可休眠过冬。翌年温度回升后开始萌发，长出不完全叶、真叶和不定根，形成新株。分蘖芽和分株芽萌发的最低温度需在 5℃以上，以 10～20℃较适宜。这一时期新根开始吸收营养，叶片可以进行光合作用。大田内茭墩 10～100 厘米距离内会出现许多分株，通常称"游茭"。游茭苗的发生通常比茭墩上的茭苗早 7～10 天。

2. 分蘖期 第一批抽出的新株，在 5～6 片叶时即能分蘖。当第一次分蘖长大后，又能从其基部发生第二次分蘖。分蘖期一般从 4 月下旬直到 8 月下旬，但目前的大棚和小拱棚处理可使茭白分蘖期提前至 2 月底。每一新株可发生分蘖 10～20 个，其中一部分为有效分蘖，能够孕茭；一部分为无效分蘖，不能孕茭。一般在 7 月底至 8 月初发生的分蘖才能在当年秋季孕茭。茭白分蘖阶段的适宜温度为 20～30℃，一般可以通过灌水深度来调节地温。此阶段还需要充足的阳光，分蘖数要适量，如果分蘖多，荫蔽遮光，难以孕茭。一般要求每亩有效分蘖 2 万个左右。

3. 孕茭期 双季茭一年有两次孕茭期，早春第一批萌发的分蘖和分株在适宜的环境条件下成长较快，4 月中旬即开始孕茭；秋茭到 8 月下旬至 9 月下旬开始孕茭。不论萌发得迟早和生长得快慢，单季茭都要到 8 月下旬至 9 月上旬才能孕茭。孕茭期的适宜温度为 15～25℃，温度低于 10℃或超过 30℃不能孕茭。这是因为，刺激茭白花茎膨大的黑粉菌菌丝体的适宜生长温度为 15～25℃。

4. 休眠期 孕茭后期，温度降至 15℃以下，分蘖停止，地上部分生长停滞，植株体内养分转向地下部储存，各个短缩茎上形成分蘖芽，新株抽生的地下匍匐茎形成分株芽，芽外面为层层革质的鳞片包被，形成芽鞘，以保护幼芽过冬。温度降到 5℃以下时，地上部分全部枯死，而分蘖芽和分株芽则在土中休眠过冬。

第三节　品种类型与主要新品种

茭白栽培品种可按照其感光性、成熟时间、采收时间、种植地理差异、栽培方式和黑粉菌感染分成不同的类型：按茭白品种感光性和采收时间分为单季茭和双季茭；按茭白成熟时间分为早熟、中熟和迟熟三类；按茭白种植地理和灌溉条件可分为高山茭白、平原茭白和冷水茭白；按茭白栽培方式可分为设施栽培和露地栽培两大类；按黑粉菌感染茭白的影响程度可分为雄茭、灰茭、正常茭白三类。

单季茭是严格的短日照作物，只有在秋季日照变短后植株才会孕茭。因此，单季茭在春季定植后，每年只在秋季采收一次茭白，采收期多集中在 9～10 月，高山茭白在 7～9 月。双季茭对日照长短反应不敏感，植株成长到一定叶龄后，在长短日照条件下都能孕茭。一般在 7 月中下旬定植，定植当年采收一季秋茭（10 月中旬至 11 月底），到第二年夏季采收夏茭。

茭白主要分布在浙江、安徽、湖北、福建等省份，所以茭白新品种的选育也主要集中在这 4 个省份。目前，主要推广的新品种有以下几种：

一、单季茭新品种

1. 鄂茭 1 号　鄂茭 1 号由湖北省武汉市蔬菜科学研究所从象牙茭变异单株中单墩系选而成，2002 年通过认定，认定编号鄂审菜 002 - 2001。

品质产量：总糖含量 24.11％，淀粉含量 1.01％，蛋白质含量 16.89％。9 月下旬至 10 月上旬上市，一般每亩产量 1 200～1 500 千克。

特征特性：株高 240～280 厘米，肉质茎竹笋形，长 20～25 厘米、横径 3～4 厘米，肉质茎表皮洁白光滑、有光泽，肉质细腻、微甜，单茭重 100 克。单季茭早中熟品种，株形紧凑，分蘖力较弱，高抗胡麻叶斑病。

2. 金茭 1 号　金茭 1 号由浙江省盘安县农业局和金华市农业科学研究院从盘安地方茭白品种的优良单株系统选育而

成，2007 年通过认定，认定编号浙认蔬 2007007。

产量表现：经多点品种比较试验，平均亩产约 1 400 千克，比原有盘安茭白亩增产 18.6%，比对照单季茭白一点红亩增产 29.6%。一般大田每亩产量 1 200~1 400 千克。

特征特性：株高 250 厘米左右，与原品种相比，平均株高降低 10 厘米。最大叶长 185 厘米左右，最大叶宽 4.1~4.6 厘米，叶鞘长达 53~63 厘米。孕茭叶龄 15~17 叶，单株有效分蘖 1.7~2.6 个。茭体膨大 4 节，隐芽无色，壳茭重 110~135 克，平均 124.6 克，与原品种相比，单茭重增加约 10 克。肉茭长 20.2~22.8 厘米，宽 3.1~3.8 厘米，叶鞘浅绿色，覆盖浅紫色条纹。肉质茎表皮光滑、白嫩。适宜生长温度 15~28℃，适宜孕茭温度 20~25℃，适宜在海拔 500~700 米的山区种植。该品种生长整齐，产量、品质、适应性等综合性状表现优良，正常年份山区采收期 7 月下旬至 8 月下旬，与原品种相比，熟期提早约 7 天。

3. 丽茭 1 号 丽茭 1 号由浙江省丽水市农业科学研究所、缙云县农业局从缙云地方品种美人茭优良株系中选育而成，2008 年通过认定，认定编号浙认蔬 2008004。

产量表现：2004—2005 年多点品种比较试验结果，每亩产量 1 680~2 099 千克，平均亩产 1 796 千克，比对照美人茭亩增产 5.1%，一般大田每亩产量 1 800 千克左右。

特征特性：该品种株形紧凑，生长势强，株高 240 厘米左右，最大叶长 190 厘米左右，最大叶宽 4.6~4.8 厘米，叶鞘长约 58 厘米。单株有效分蘖 2~3 个，孕茭叶龄 13 叶左右。茭体 4 节，茭肉长 16.7~18.6 厘米，肉茭第二、三节长和宽分别为 7.4 厘米、4.7 厘米和 4.8 厘米、3.6 厘米左右，壳茭重 142.5~178.6 克，肉茭重 105.6~128.6 克，净茭率 71.8%~74.1%，茭肉白嫩、光滑，品质好。适宜生长温度 15~28℃，适宜孕茭温度 20~25℃。在丽水海拔 800 米左右的山区种植，一般在 7 月中旬开始采收，7 月下旬至 8 月初进入盛采期，熟期比美人茭提早 12～14 天。该品种早熟性好，植株生长整齐，产量、品质、适应性等综合性状表现优良，适合在海拔 400～1 000 米的山区种植。

4. 金茭 2 号 金茭 2 号由浙江省金华市农业科学研究院、浙江大学蔬菜研究所、金华陆丰农业开发有限公司从水珍 1 号变异株中系统选育而成，2008 年通过认定，认定编号浙认蔬 2008005。

产量表现：2004—2006 年多点品种比较试验结果，每亩产量 2 152～2 432 千克，平均亩产 2 280 千克，比当地主栽品种水珍 1 号亩增产 12.1%，一般大田每亩产量 2 000 千克左右。

特征特性：该品种长势中等，株形紧凑，田间表现整齐一致，品质优良，产量高。株高 220 厘米左右，最大叶长 162～170 厘米，最大叶宽 3.6～3.9 厘米，叶鞘长 52～55 厘米，孕茭叶龄 11 叶左右，年生长期内每墩有效分蘖 11.8～14.1 个。茭肉梭形，茭体 4 节，表皮光滑，肉质细嫩，商品性佳。有两个比较集中的采收期：第一个采收期 6 月下旬至 7 月中下旬，平均壳茭重约 120 克，肉茭重约 95 克，平均肉茭长 17.0 厘米左右，肉茭第二、三节长和宽分别为 6.1 厘米、6.5 厘米和 3.9 厘米、3.0 厘米左右；第二个采收期 9 月下旬至 10 月中旬，平均壳茭重约 98 克，肉茭重约 76 克，平均茭肉长 16.4 厘米左右，肉茭第二、三节长和宽分别为 5.8 厘米、6.6 厘米和 3.7 厘米、2.9 厘米左右。该品种耐热性强，采收期长，属对光周期较不敏感的单季茭品种。

5. 鄂茭 3 号 鄂茭 3 号由湖北省武汉市蔬菜科学研究所从湖北地方品种古夫茭的变异株中经单株选育而成，2011 年通过认定，认定编号鄂审菜 2011005。

品质产量：可溶性总糖含量 3.0%，粗蛋白质含量 1.6%，粗纤维含量 0.7%，维生素 C 含量 10.02 毫克/千克。2007—

2010 年，经武汉、咸宁等地试种，平均亩产 1 100～1 200 千克。

特征特性：单季茭晚熟品种，株高约 225 厘米，单株有效分蘖 9.5 个。茭肉长 21 厘米左右，宽 3.5 厘米左右，壳茭重约 100 克，肉茭重约 78 克。肉质茎竹笋形，表皮光滑，白色，肉质致密，冬孢子堆少或无。

6. 台福 1 号 台福 1 号由福建农林大学园艺学院、福建农林大学蔬菜研究所从台湾茭白变异株中选育而成，2012 年通过认定，认定编号闽认菜 2012013。

产量表现：经永泰县、龙岩市、安溪县、宁化县等地多点多年试种示范，一般每亩产量 2 300 千克以上。

特征特性：植株生长势较强，株形紧凑，株高 198～215 厘米，叶狭长，剑形，叶色深绿，叶鞘浅绿色，叶鞘长 48～52 厘米，叶长 126～143 厘米，叶宽 3.7～4.2 厘米，每丛分蘖 18～20 个。茭白绿叶数 7 叶以上。壳茭绿色，壳茭重 110～125 克，肉茭重 90～100 克。茭体 4 节，茭长 18～20 厘米，宽 3.5～4.3 厘米。从定植到始收 100～110 天，茭体纺锤形、光滑白嫩、口感嫩脆略带甜味，生熟食皆可，产量较高，品质优。经龙岩市新罗区植保站田间病害调查，叶锈病、胡麻斑病、细菌性条斑病比对照龙岩本地茭白轻。

7. 桂瑶早茭白 桂瑶早茭白由福建省安溪县龙门桂瑶蔬菜专业合作社从安溪龙门镇桂瑶村地方品种变异株中系统选育而成，2013 年通过认定，认定编号闽认菜 2013019。

品质产量：品质优，经福建省品质质量检测研究所检测，每 100 克鲜样含还原糖 4.3 克、粗蛋白 0.93 克、粗纤维 0.7 克。经安溪县等地多年多点试种示范，每亩产量 3 000 千克左右，比对照安溪茭白增产 29％左右。

特征特性：该品种为早熟品种，从定植到始收 80 天左右，比原农家种早熟 10～15 天，采收期长。植株生长势强，株形紧凑，株高 180～210 厘米，叶剑形，叶色深绿，叶鞘浅绿色，叶鞘长 50～70 厘米，叶长 100～120 厘米，叶宽 4.0～5.0 厘米。单株分蘖 9～20 个。壳茭重 113～130 克，肉茭重 90～100 克。茭体 4 节，茭长 15～19 厘米，宽 3.5～4.6 厘米，茭肉纺锤形，光滑白嫩，口感嫩脆略带甜味。经安溪县植保站田间调查，该品种锈病、胡麻叶斑病、细菌性条斑病比对照原农家种轻。

8. 大别山 1 号 大别山 1 号由安徽农业大学园艺学院、岳西县高山果蔬有限责任公司选育而成，2013 年通过认定，认定编号皖品鉴登字第 1303037。

品质产量：茭白品质较好，碳水化合物、蛋白质、人体所必需的氨基酸及微量元素含量较高，平均每亩产量 1 924 千克。

特征特性：早熟，株形紧凑，叶片直立，株高 210～230 厘米，叶长 125～140 厘米，分蘖数 10～13 个，肉茭长 18～23 厘米，宽 5～7 厘米，单茭重 150～165 克，净茭重 98～107 克。茭白梭子形，8 月上旬至 9 月下旬上市，采收期较为集中，高抗叶瘟病和胡麻叶斑病。

9. 大别山 3 号 大别山 3 号由安徽农业大学园艺学院、岳西县高山果蔬有限责任公司选育而成，2013 年通过认定，认定编号皖品鉴登字第 1303039。

品质产量：茭白品质较好，碳水化合物、蛋白质、人体所必需的氨基酸及微量元素含量较高，平均每亩产量 2 048 千克。

特征特性：早熟，株形紧凑，叶片直立，株高 200～220 厘米，叶长 120～140 厘米，分蘖数 12～14 个，肉茭长 20～25 厘米，宽 5～7 厘米，单茭重 155～170 克，净茭重 105～115 克。茭白梭子形，8 月上旬至 9 月下旬上市，采收期较为集中，高抗锈病和胡麻叶斑病。

二、双季茭新品种

1. 鄂茭 2 号　鄂茭 2 号由湖北省武汉市蔬菜科学研究所从中介茭的变异单株中单墩系选育而成，2003 年通过认定，认定编号鄂审菜 003 - 2001。

品质产量：总糖含量 30.64％，淀粉含量 1.14％，蛋白质含量 16.31％。秋茭每亩产量约 750 千克，夏茭每亩产量约 1 250 千克。

特征特性：双季茭中熟品种，分蘖力中等，成熟期一致。夏茭株高 180～190 厘米，秋茭株高 240～260 厘米。当地 4 月上中旬移栽，夏茭迟熟，6 月上中旬上市；秋茭早熟，9 月上中旬上市。肉质茎蜡台形，茭肉长 18～20 厘米，宽 3.5～4.0 厘米，茭肉表皮洁白光滑，肉质细腻、味甜，单茭重 90～100 克。

2. 龙茭 2 号　龙茭 2 号由浙江省桐乡市农业技术推广服务中心、浙江省农业科学院植物保护与微生物研究所、桐乡市龙翔街道农业经济服务中心、桐乡市董家茭白合作社等单位从梭子茭变异株中系统选育而成，2008 年通过认定，认定编号浙认蔬 2008024。

产量表现：2006—2008 年多点品种比较试验结果，夏茭平均亩产 2 986 千克，比对照梭子茭增产 37.3％；秋茭平均每亩产量 1 556 千克，比对照增产 45.9％。

特征特性：该品种属于中晚熟双季茭品种，植株生长势较强、株形紧凑、直立。秋茭 10 月底至 12 月初采收，夏茭 5 月上中旬至 6 月中旬采收。秋茭株高 170 厘米左右，叶鞘长 45 厘米左右，最大叶长 140 厘米、宽 3.2 厘米左右，叶鞘浅绿色，每墩平均有效分蘖 14.7 个，平均孕茭叶龄 8.1 叶。壳茭重平均 141.7 克，肉茭重 95 克左右，净茭率 68％左右。茭体 4～5 节，肉茭长 22 厘米左右，宽 4.0～4.3 厘米。夏茭株高

175 厘米左右，叶鞘长 36 厘米左右，最大叶长 110 厘米、宽 3.7 厘米左右，叶鞘浅绿色，每墩平均有效分蘖 19.0 个。壳茭重平均 150 克，肉茭重 110 克左右，净茭率 70％以上。茭体 4～5 节，肉茭长约 20 厘米，宽 4.1～4.4 厘米。茭肉白色，可溶性总糖含量 1.74％，干物质含量 6.0％，粗纤维 0.79％。该品种较耐寒，品质丰产性好，较抗胡麻叶斑病和二化螟。

3. 浙茭 6 号 浙茭 6 号由浙江省嵊州市农业科学研究所、金华水生蔬菜产业科技创新服务中心从浙茭 2 号变异株系统选育而成，2012 年通过认定，认定编号浙（非）审蔬 2012009。

品质产量：经农业部农产品及转基因产品质量安全监督检验测试中心（杭州）检测，干物质 4.42％，蛋白质 1.12％，粗纤维 0.9％，可溶性总糖 3.01％。2008—2011 年 3 个年度多点试验，秋茭平均亩产 1 580 千克，比对照浙茭 2 号增产 19.9％；夏茭平均亩产 2 504 千克，比对照增产 12.9％。

特征特性：该品种夏茭比对照早熟，秋茭比对照迟熟，产量高，品质优。植株较高大，夏茭株高 184 厘米，叶宽 3.7～3.9 厘米，叶色比对照稍深，叶鞘浅绿色覆盖浅紫色条纹，叶鞘长 47～49 厘米，秋茭有效分蘖每墩 8.9 个。孕茭适温 16～20℃，春季大棚栽培 5 月中旬至 6 月中旬采收，比露地栽培早 15 天，比对照早 6～8 天。秋茭株高平均 208 厘米，秋茭 10 月下旬至 11 月下旬采收，比对照迟 10～14 天。壳茭重约 116 克，净茭重 79.9 克，肉茭长 18.4 厘米，宽 4.1 厘米。茭体膨大 3～5 节，以 4 节居多，隐芽白色，表皮光滑，肉质细嫩，商品性佳。田间表现抗性与对照相近。

4. 余茭 4 号 余茭 4 号由浙江省余姚市农业科学研究所、浙江省农业科学院植物保护与微生物研究所、余姚市河姆渡茭白研究中心从浙茭 2 号变异株系统选育而成，2012 年通过认定，认定编号浙（非）审蔬 2012010。

产量表现：2010—2012 年多点品种比较试验结果，夏茭平均亩产 2 704.3 千克，比对照浙茭 2 号增产 21.1％；秋茭平均亩产 1 324.8 千克，比对照增产 36.4％。茭白品质好，经农业部农产品质量安全监督检验测试中心（宁波）检测，蛋白质含量 1.16％，粗纤维 0.9％，水分 93.9％，可溶性固形物 3.0％，维生素 C 68.2 毫克/千克。

特征特性：该品种为中晚熟类型，夏茭 5 月下旬至 6 月下旬采收，与对照相近；秋茭 11 月上旬至 12 月上旬采收，比对照推迟 20 天左右。株形较紧凑，分蘖强，叶色青绿，叶鞘绿色，覆盖浅紫色条纹。秋茭株高平均 206 厘米，叶片长 140 厘米，宽 3.6 厘米，叶鞘长 44 厘米。墩有效分蘖 13 个左右。壳茭重 143.6 克，净茭重 96.7 克，净茭率 67.3％，肉质茎长 20.3 厘米，宽 3.7 厘米。夏茭株高平均 216 厘米，叶片长 161 厘米，宽 4.0 厘米，叶鞘长 46 厘米。壳茭重 119.7 克，净茭重 76.8 克，净茭率 64.1％，肉质茎长 17.0 厘米，宽 3.5 厘米。孕茭性好，肉质茎膨大以 4 节为主，表皮光滑洁白，肉质细嫩。田间表现对长绿飞虱、二化螟和胡麻叶斑病的抗性优于对照。

5. 崇茭 1 号 崇茭 1 号由浙江省杭州市余杭区崇贤街道农业公共服务中心、浙江大学农业与生物技术学院、杭州市余杭区种子管理站等单位从梭子茭优良变异株中选育而成，2012 年通过认定，认定编号浙（非）审蔬 2012011。

产量表现：2009—2010 年多点品种比较试验结果，秋茭平均亩产 1 580 千克，夏茭平均亩产 3 042 千克，分别比对照梭子茭增产 46.0％和 15.1％；2010—2011 年度秋茭平均亩产 1 662 千克，夏茭平均亩产 3 188 千克，分别比对照增产 43.9％和 14.8％。两年平均亩产秋茭 1 621 千克，比对照增产 44.9％；平均亩产夏茭 3 115 千克，比对照增产 14.9％。

特征特性：该品种秋茭晚熟，夏茭中熟。分蘖力强，夏茭 5 月中下旬采收，秋茭 10 月底至 12 月中旬采收。秋茭平均株高 191 厘米，平均叶长 139.3 厘米，叶宽 4.8 厘米，有效分蘖每墩 18.0 个。夏茭平均株高 181.1 厘米，平均叶长 129.4 厘米，叶宽 4.1 厘米。茭体膨大以 4 节居多，隐芽白色，表皮白色光滑，肉质细嫩，商品性佳，耐低温性好。

6. 浙茭 3 号　浙茭 3 号由浙江省金华市农业科学研究院、金华水生蔬菜产业科技创新服务中心从浙茭 2 号变异株系统选育而成，2013 年通过认定，认定编号浙（非）审蔬 2013011。

产量表现：2010—2012 年多点品种比较试验结果，夏茭平均亩产 2 330 千克，比对照浙茭 2 号增产 5.5%；秋茭平均亩产 1 528 千克，比对照增产 10.2%。

特征特性：属双季茭中熟品种。该品种产量高、品质好，夏茭上市较迟，与其他品种搭配可错开上市。孕茭适温 18～28℃，秋茭 10 月中下旬至 11 月中旬采收，与对照相仿；夏茭 5 月中旬至 6 月中旬采收，比对照迟 5 天。株形较紧凑，叶鞘浅绿色，覆浅紫色条纹。秋茭平均高度 197.7 厘米，叶鞘长 48.9 厘米，最大叶长 152.9 厘米，宽 3.6 厘米，每墩有效分蘖 9.3 个；夏茭平均高度 181.8 厘米，叶鞘长 49.8 厘米，最大叶长 140.3 厘米，宽 3.9 厘米；秋茭平均壳茭重 107.9 克，净茭重 73.2 克，肉质茎长 17.4 厘米，宽 4.0 厘米；夏茭平均壳茭重 107.8 克，净茭重 74.6 克，肉质茎长 19.2 厘米，宽 3.9 厘米。肉质茎膨大 3～5 节，多数 4 节，隐芽白色，表皮光滑洁白，肉质细嫩，商品性佳，田间表现抗性与对照相近。

7. 大别山 2 号　大别山 2 号由安徽农业大学园艺学院、岳西县高山果蔬有限责任公司等单位选育而成，2013 年通过认定，认定编号皖登鉴字第 1303038。

品质产量：茭白品质较好，壳茭平均亩产 2 366.5 千克，其中夏茭产量占总产量的 70%。

特征特性：该品种属早熟双季茭，孕茭期较耐低温，生长势强，株高 185～200 厘米，叶长 110～130 厘米，每墩分蘖数 15～18 个，茭白梭子形，肉茭长 18～22 厘米，宽 4～6 厘米，壳茭重 145～155 克，净茭率 63.5%。夏茭采收期 6 月中旬至 8 月上旬，秋茭采收期 9 月下旬至 10 月下旬。

8. 大别山 4 号 大别山 4 号由安徽农业大学园艺学院、岳西县高山果蔬有限责任公司等单位选育而成，2013 年通过认定，认定编号皖品鉴登字第 1303040。

品质产量：茭白品质较好，壳茭平均亩产 2 160.0 千克，其中夏茭产量占总产量的 70%。

特征特性：该品种属早熟双季茭，孕茭期较耐低温，生长势中等，株高 180～190 厘米，叶长 105～130 厘米，每墩分蘖数 13～16 个，茭白梭子形，肉茭长 17～21 厘米，宽 4～6 厘米，壳茭重 140～155 克，净茭率 63.0%。夏茭采收期 6 月中旬至 8 月上旬，秋茭采收期 9 月下旬至 10 月下旬，较抗叶瘟和胡麻叶斑病。

9. 浙茭 7 号 浙茭 7 号由中国计量大学与金华市农业科学研究院从浙江省早熟地方品种梭子茭优良变异株中选育而成，2015 年通过认定，认定编号浙（非）审蔬 2015011。

品质产量：经农业部农产品及转基因产品质量安全监督检验测试中心（杭州）检测，干物质 7.3%，蛋白质 1.17%，粗纤维 1.20%，可溶性总糖 4.49%，维生素 C 55.0 毫克/千克。经 2013—2014 年在浙江桐乡、余姚、金华等地的试验表明，夏茭平均每亩产量 2 718.8 千克，秋茭 1 368 千克。

特征特性：孕茭适温 18～28℃，夏秋茭都早熟，夏茭采收期比对照提早 5～7 天，秋茭比对照提早 3～5 天。植株较高大紧凑，秋茭平均株高 169.4 厘米，叶鞘长 49.3 厘米，叶宽 3.28 厘米，每墩有效分蘖数 12.9 个。夏茭株高平均 165.6 厘米，叶鞘长 43.2 厘米，叶宽 3.8 厘米。正常年份，9 月下旬至 10 月中旬采收秋茭，4 月底至 6 月初采收夏茭。秋茭平均壳茭重 132.7 克，净茭重 97.8 克，肉质茎长 23.22 厘米，宽 3.52 厘米；夏茭平均壳茭重 135.6 克，净茭重 98.2 克，肉质茎长 24.47 厘米，宽 3.67 厘米。肉质茎 3～5 节，隐芽白色，表皮光滑洁白，肉质细嫩，商品性佳。对锈病、胡麻叶斑病表现中抗。

10. 鄂茭 4 号 鄂茭 4 号由武汉市蔬菜科学研究所和武汉蔬博农业科技有限公司从鄂茭 2 号变异株中选择优良株系育成，2016 年通过认定，认定编号鄂审菜 2016014。

品质产量：经农业部食品质量监督检验测试中心（武汉）测定，蛋白质 1.21%，粗纤维 0.8%，可溶性糖 2.27%，干物质 7.83%。2013—2014 年在武汉、赤壁等地试验、试种，秋茭平均亩产 1 100 千克，夏茭亩产 800 千克。

特征特性：早熟双季品种，株形较紧凑，植株生长势较强，株高 240 厘米左右，分蘖力中等，成茭率较高。秋茭 9 月上旬上市，夏茭 5 月中旬上市。肉质致密，无冬孢子堆，单茭重 100 克左右。

第四节　标准化栽培技术

一、茭白选种技术

茭白是无性繁殖作物，其选种技术与其他无性繁殖作物有很大的不同。其他无性繁殖作物品种的种性都比有性繁殖（种子繁殖）更加稳定，而茭白则相反，品种的种性表现不稳定。因为茭白是黑粉菌和茭白植株互相作用的结果，即黑粉菌以菌丝体在茭白植株内进行无性繁殖，分泌生长激素，刺激茭白茎细胞膨大而形成的产物。两种生物共生于一体，只要任何一方受环境影响而发生变异时，品种种性就会随之变异。因此，茭白选种非常重要，选种不合理和不及时均会严重影响生产，造成茭白种性退化，发生茭白不孕茭、孕畸茭、雄茭、灰茭等。

目前，许多茭区的农户自己进行选种，但由于选种目标不一致，选种过程简单，造成选出的株系性状不稳定，后代分化很明显。按照茭白的类型，选种可分为双季茭选种和单季茭选种两种。确定选种目标，组织力量进行茭白选种，对提升茭白产业具有重要的价值。

（一）双季茭选种

双季茭分为夏秋兼用和以夏茭为主两种类型，由于它们的品种特性和栽培方法不同，选种方法也不同。

1. 夏秋兼用型双季茭选种　夏秋兼用型双季茭的秋茭收获期一般在 9～10 月，夏茭的收获期在 5～6 月。

选种宜在秋茭期进行，以墩头留种为好。一般选 3 次，分别在 9 月中旬、10 月中旬和翌年 4 月移栽前。选种的标准是茭白基本苗和分蘖苗的薹管短、结茭整齐、株高中等、孕茭率高、茭肉肥大、丰产性好且成熟一致的茭墩留种。将选中的茭墩做好标记，冬至前后进行寄秧，墩距 20 厘米，行距 50 厘米。翌年 4 月，茭种重新萌发后，除去其中长势过旺的墩头，除去秋茭田中的雄茭和灰茭，以提高夏茭的产量。

2. 以夏茭为主型双季茭选种　以夏茭为主型双季茭的收获期在 10 月初至 11 月初，夏茭的收获期在 5 月中旬至 6 月初。选种宜在 5 月夏茭孕茭期进行，以分株留种为好。选种标准：墩头和分株结茭整齐一致，每一撮分株有 3 个分蘖，其中中间的大分蘖在 5 月上旬已孕茭，整个株形像鲶须，茭肉品质好，全墩在 5 月底可望采收结束，整墩、分株及周围均无雄茭和灰茭。选中的分株在 5 月中旬连根拔出，移栽至种苗田中，株距 35 厘米，行距 50 厘米。等待种株成活后，采去茭白，以促进 2 个小分蘖的生长。当年秋季和翌年的夏、秋季分别再移栽一次，扩大繁种，株行距同上。同时，除去雄茭和灰茭，到第三年春季作为大田用种。

（二）单季茭选种

单季茭选种目标首先要针对当地市场的季节需求。在双季茭和单季茭同时栽培的地区，一般应选择早熟品种，赶在双季茭秋茭上市前采收上市。在不能种植双季茭的地区，要考虑蔬菜的季节供应情况，尽量选用在当地蔬菜种类和数量较少上市的淡季能采收的品种。其次，要考虑品种的地区适应性。在长江流域表现优秀的品种，引到华南地区栽培表现不一定很好，或要在栽培季节上做必要的调整，这些都要先在当地进行试种。

单季茭主要选用分蘖苗做种，一般不选用分株苗。因为分株苗遗传变异的可能性较大。要坚持年年选，选择每年从采收开始持续到采收结束后。选择标准：植株长势、长相和肉质茎形态符合所栽品种的特征，与田间多数植株表现一致；整个茭墩在采收过程中未出现雄茭或灰茭；茭墩中多数茎蘖生长整齐，株形和茭形一致，茭肉膨大时，假茎的一侧"露白"，茭肉白嫩；全墩各茎蘖孕茭和采收期比较集中。栽植当年于采收结束后对中选各茭墩做好记号，或绘图记下各墩所在的株行位置；第二年如前再选一年，如仍表现良好，则可确定留种，于采收结束后挖出，另田假植并保湿过冬，或在原田插立明显标记，于第三年春分墩栽于新田。也就是说，一般要经过两年的选择和观察，才能选定优良种株。另外，在连续两年选种过程中，对每年中选的茭墩不能将全墩茭笋采光，最后要留下 2～3 支，使其能积累较多的养分休眠过冬。以上选种方法始终采用分蘖苗，通称分蘖选种法。

二、茭白种苗繁育技术

茭白的育苗技术经历了不断完善和创新，由过去单一的分株育苗繁殖，发展到薹管寄秧育苗、大田直接提纯育苗、二段寄秧育苗、剪秆扦插育苗、露地带胎育苗 5 种新技术。

（一）双季茭育苗技术

1. 双季茭白剪秆扦插育苗

（1）选种要求。选择株形整齐、抗逆性强、孕茭率高、茭肉肥大、结茭部位低、产茭一致，无雄茭株、灰茭株与变异茭株的茭墩的母株茎秆作为扦插材料。经苗期、秋茭生长期、越冬期与夏茭生长期的 4 次提纯选育。种苗田夏茭采收中后期的茭白，田间要求间歇灌溉，防止根茎长期淹水发生腐烂。余茭 4 号、龙茭 2 号、浙茭 3 号等品种都比较适宜。

（2）育苗时间和栽培模式。6 月中下旬双季茭夏茭产茭结束后剪秆扦插育苗，7 月中下旬定植到大田，共 30 天左右。适用于双季茭常规栽培、双季茭设施栽培等模式。

（3）寄秧技术。寄秧田做成畦宽 1.2 米、沟宽 30 厘米。选择种茭墩已产过茭的母株茎秆，从泥面下 3~5 厘米处挖起，并随带少量须根，剪取长度 4~6 厘米作为扦插材料。剥去母株茎秆的叶鞘斜插，扦插角度 45°左右，露出泥面 0.5~1 厘米为宜。扦插株距 10 厘米、行距 20 厘米。

（4）秧田管理。寄秧时，秧田沟有水，秧板上无水。寄秧结束后，采取间歇灌溉，保持秧板湿润状态，促进茭白茎芽萌发。当新芽长出泥面后，灌水上秧板，保持浅水层。秧田期追肥两次：第一次在寄秧出苗后，时间在扦插后的 10 天左右，每亩施复合肥 25~30 千克；第二次在定植前 5~7 天，每亩施尿素 5~7 千克。用 10%吡虫啉可湿性粉剂 2 000 倍液防治长绿飞虱、蚜虫 1~2 次。在移栽前 2~3 天做好带药下田工作，用 5%氯虫苯甲酰胺 1 000 倍液防治螟虫 1 次。寄秧 30 天左右、苗高 20~30 厘米时，将整个茭墩连苗挖出定植到大田。

2. 双季茭白二段寄秧育苗

（1）选种要求。选择株形整齐，品质优良，上年孕茭率高，分蘖节位低，没有雄茭、灰茭，并且采茭时间都较为一致的墩苗作为种苗。余茭 4 号、龙茭 2 号、浙茭 3 号等中迟熟品种比较适宜。

（2）育苗时间和栽培模式。寄秧时间 4 月初至 8 月上旬，育苗时间 120 天左右。适用于早稻-茭白轮作、双季茭常规栽培等模式。

（3）寄秧技术。第一段育秧移植时间在 4 月初，寄秧时直接挖取茭白种苗墩，用快刀将母株分开，以每个老短缩茎为一个寄插单位进行分苗移栽，行株距为 70 厘米×40 厘米。第二段育秧时间在 6 月下旬，寄秧前割除种苗上部叶片，留茎叶高度 50 厘米左右，挖出经割除后的整墩茭白种苗，剥离每个大分蘖作为一个寄插单位进行移植，行株距 30 厘米×25 厘米。若秧田面积充裕，行株距可以适当放宽。在 7 月下旬至 8 月上旬视前作收获季节，把二段秧整丛带蘖、带泥、带药定植到大田。第二段秧苗移栽前 1～2 天，需割除上部 1/3 的叶片，目的是高温季节减少叶片蒸腾作用，保证移栽成活率。

（4）秧田管理。寄秧后 15 天左右，结合施肥进行耘田除草一次。5 月中旬，结合施肥再耘田除草一次，同时去除长势过旺或过弱的变异株。追肥 4 次：第一次寄秧后 15 天左右，每亩施尿素 4～6 千克；第二次 5 月中旬，每亩施复合肥 20～30 千克；第三次 7 月上旬（第二次寄秧后 10 天左右），每亩施碳酸氢铵 30 千克、过磷酸钙 15 千克左右；第四次施起身肥，在移栽前 5～7 天，每亩施尿素 5～8 千克。用 1.8％阿维菌素乳油 500 倍液、10％吡虫啉可湿性粉剂 2 000 倍液分别防治螟虫、长绿飞虱 2～3 次，移栽前 5～6 天，用 5％硫黄·三环唑 500 倍液预防胡麻斑病与锈病 1 次。寄秧时浅水，插种结束后加深水层，秧苗成活抽生新叶后浅水灌溉，以促进分蘖。

3. 双季茭白露地带胎育苗 设施栽培的茭白应露地留种，如果进行设施内留种，茭白种性容易退化，主要表现为夏茭植株孕茭率降低，特别是生长势强的茭白品种如浙茭 3 号等尤为明显。为此，经过多年实践，黄岩地区探索出露地带胎苗留种新技术，确保了茭白的优良种性和植株孕茭率。若在山区半山区气候冷凉的区域进行露地留种，育苗更好。

带胎苗留种，即选择已开始孕茭的植株作种苗进行育苗的技术。茭白选留种宜在夏茭生长中期或中偏后期进行，即4月下旬至5月上旬。留种时，在田间选择已孕茭且饱满的茭株留种，留种墩茭莢外表必须与所选品种的典型特征相符合。同一墩株以生长较整齐、结茭部位低、孕茭较早、茭肉粗壮白嫩、成熟度较一致的为好。种株选定后，在叶片上打个结做标记，再挖开植株四周的泥土，促进植株基部抽芽分蘖，待新抽的苗长到30~40厘米（6~7月）时即可移栽种植。这种方法可保持茭白的优良种性，但繁育系数相对较低。

为提高繁育系数，头年采用露地带胎苗留种，留种田保持5厘米左右的水位即可。第二年露地栽培，3月下旬至4月初，当苗高15厘米左右时进行第一次分株繁育，以每一个老短缩茎为一个寄插单位，重新定植在种苗田里。分株时，要整茭墩挖出用刀劈开，不能用手掰，否则会因损伤根茎而降低秧苗成活率。45天左右进行第二次分苗，经过2次的连续繁种，至6月下旬或7月初即可分株定植，每穴种植1~2苗。

壮苗标准：苗高30~40厘米，根较粗短、白嫩，黄根较少，无黑根；种苗5~6片叶，生长粗壮，叶色深绿，叶片较硬朗，无病虫害。

（二）单季茭薹管寄秧育苗

1. 选种要求　在单季茭收获前，提前选定具有本品种特征特性、生长整齐、结茭部位低、孕茭率高、产茭多、茭肉细嫩洁白、成熟一致、母株丛中没有灰茭和雄茭的种墩上的薹管（母株茎秆）作为平铺寄秧育苗的材料。单季八月茭、丽茭1号、美人茭等中熟品种比较适宜。

2. 育苗时间和栽培模式　9月中旬至10月上旬常规单季茭产茭结束后育苗，10月下旬至11月初移植，育苗时间25

天左右。

3. 寄秧技术 寄秧田畦宽 1.5～1.8 米、沟宽 30 厘米，从泥土下 2～3 厘米处挖起已产过茭的薹管，剪取 30～50 厘米作为平铺扦插材料，剥去薹管上的叶鞘横放，使其陷入秧田中的秧板，上表面与泥面相平，每节分蘖芽朝向平面两侧。薹管排放间距 3～5 厘米，行距 10～15 厘米。

4. 秧田管理 寄秧时，秧田沟有水，但不上畦面，保持秧板湿润状态。寄秧结束后，采取间歇灌溉，保持田间潮湿，促进茭白出苗。当新芽抽出泥面后，灌水上秧板，浅水促蘖。秧田期追肥 2 次：第一次在寄秧出苗后，每亩施复合肥 20～30 千克；第二次在定植前 5～6 天，每亩施尿素 5～8 千克。秧田期用 10％吡虫啉可湿性粉剂 2 000 倍液防治长绿飞虱、蚜虫 1～2 次，移栽前 2～3 天，用 1.8％阿维菌素乳油 500 倍液防治螟虫 1 次。寄秧 25 天左右、苗高 20～25 厘米时，即可将每个薹管节位上的茭白苗剪下定植到大田。

三、茭白的定植与管理

（一）低温型（夏茭型）双季茭的定植与管理

低温型双季茭一般 7 月中下旬移栽，当年秋季采收第一茬茭白称秋茭，生长期从种苗移植至越冬前。翌年夏季采收第二茬茭白称夏茭，生长期从越冬至夏季产茭结束。

1. 秋茭生长期

（1）定植。移栽时间在 7 月 10～15 日，但前作是早稻轮作的需经二段育秧，移栽时间推迟到 8 月上旬。整墩挖出后进行剥蘖分苗，选用每一个茎秆苗壮的分蘖为插种单位，每墩插种一个，并随带小分蘖。选择阴天或晴天 16：00 后移植。二段育秧整丛定植到大田。移栽当天或前一天剪去种苗上部叶片，留苗高 50 厘米左右。宽窄行种植，宽行为 100 厘米，窄行为 80 厘米，株距为 65 厘米，亩插密度 1 100 丛左右。

（2）施肥技术。

基肥：移栽前 2～3 天，亩施茭白专用有机肥 50 千克或农家肥 1 000～1 200 千克，不能用化肥作基肥。

追肥 3～4 次：第一次在栽后 18～20 天，亩施尿素 8～10 千克的苗蘖肥；第二次追肥在移栽后的 35 天左右，亩施碳铵 40～50 千克、过磷酸钙 20～25 千克的壮秆肥；第三次在 9 月 10 日前后，亩施复合肥 40～50 千克作为孕茭肥；第四次当 20％茭白采收后，视茭白叶色巧施催茭肥，亩施碳铵 25～35 千克，叶色浓绿的田块可以少施或不施。

（3）灌水技术。按"浅-深-浅-露-深-浅"的原则进行：插苗时浅水；插后深水返青；浅水促蘖；9 月下旬至 10 月上旬茭白封行前，进行露地搁田，控制无效分蘖，增加土壤的通气性；孕茭时深水护茭，但灌水深度不超过茭白眼；采茭结束后浅水养根，促进茭白地上部的营养回流至地下部。

（4）田间管理。从定植成活后至封行前，每隔 15 天左右耘田除草一次，一般进行 2～3 次。第一次靠近根旁，以后逐次选离 6～7 厘米，以免伤根。第一次耘田除草时，可结合施肥、补缺，以后耘田结合施肥、分次摘除抱茎的枯鞘叶，促进茭白早发。

（5）病虫害防治。主要病虫害是"四虫三病"，即二化螟、大螟、长绿飞虱、福寿螺及胡麻斑病、锈病、纹枯病。茭白绿色食品生产基地，以下农药只准使用 1 次：二化螟、大螟可用 20％氯虫苯甲酰胺悬浮剂 3 000 倍液，或 5％氯虫苯甲酰胺悬浮剂 1 000 倍液，或 1.1％绿浪乳剂 1 000 倍液防治；长绿飞虱可用 18％杀虫安水剂 200 倍液加 10％吡虫啉可湿性粉剂 1 000 倍液防治，并兼治大螟、二化螟。注意：不少于 10 天的采茭安全间隔期。推广茭白田套养中华鳖、茭鸭共育技术，防治福寿螺与其他害虫、杂草。应用性诱剂、杀虫灯防治技术，减少化学农药的使用频次。进入 10 月，茭白根深叶茂，叶鞘逐渐硅化坚硬，一般虫害不需再做防治。

胡麻斑病、锈病预防 2 次：第一次在移栽后 25 天用 45％硫黄·三环唑可湿性粉剂 500 倍液防治；第二次在移栽后 40天用 72％霜脲·锰锌可湿性粉剂 600 倍液防治。杀菌剂在孕茭期慎用。纹枯病发生田块，可用 5％井冈霉素水剂 500 倍液防治 1～2 次。

2. 夏茭生长期

（1）越冬管理。秋茭采收结束后，12 月中旬气温降到 5℃以下时，茭白植株自然枯萎，在 1 月上中旬齐泥割平老茭墩，去除上部枯茎叶，把清理出来的茭白茎叶残体，集中堆沤制成腐熟的农家肥。不能在田中烧毁，以免影响茭白地下茎的正常生长以及对环境的污染，也可以边割边踩入田中。割老墩时间不能过早或过迟，过早地上部的营养还没有回流至地下部，影响春季出苗；过迟会使地上茎萌芽出苗而产生高脚苗。清除田塍杂草，降低病虫害的发生危害基数。并及时挖出雄茭墩与灰茭墩，保持田平、湿润、不开裂，留地下根茎安全过冬。

（2）施肥技术。

基肥：1 月下旬至立春前，亩施农家肥 1 000～1 200 千克，促进茭白短缩茎与地下匍匐茎芽萌发。

追肥 3～4 次：2 月中旬，亩施复合肥 20 千克左右的苗肥。3 月中旬，亩施碳铵、过磷酸钙各 25 千克的壮秆肥。4 月下旬茭白删苗后，亩施复合肥 30～40 千克的孕茭肥。当茭白开始产茭，如叶色明显落黄，可亩施碳铵 30 千克左右的催茭肥，叶色浓绿的田块少施或不施。

（3）灌水技术。2～4 月要求浅水勤灌，出苗后如遇寒潮应深水护苗；4 月下旬至 5 月，茭白长秆时保持水层 5～7 厘米；5 月中下旬茭白孕茭后深水护茭，一般保持水层 10～12厘米；采茭时为便于操作，保持田间水层 5～7 厘米。

（4）田间管理。

删苗定苗：清明至谷雨期间，由于老茭墩根茎密集、苗蘖拥挤，当苗高35～40厘米时，需及时删苗，将细小密集的弱苗删去，每墩留强壮苗20～25根。同时，在茭墩根基中间压泥壅根使分蘖散开，改善茭白个体生长状况。

耘田除草：结合施肥、删苗，人工耘田除草2～3次。

轮作：6月中下旬茭白收完后翻耕，注意轮作，一般茭白种植2年后轮作一次，最好水旱轮作，也可以与水稻轮作。

（5）病虫害防治。夏茭主要虫害是锹额夜蛾、二化螟与大螟，病害很少发生不需防治。3月底至4月初，锹额夜蛾在零星田块有所发生，药剂可选用1.1%绿浪乳剂1 000倍液或18%杀虫安水剂200倍液防治1次。二化螟、大螟中等偏重以上发生年份，在5月5日前后用20%氯虫苯甲酰胺悬浮剂3 000倍液，或5%氯虫苯甲酰胺悬浮剂1 000倍液防治1次即可，中等或偏轻发生年份不用化学药剂防治。

（二）单季茭的定植与管理

单季茭是严格的短日照作物，一般3月中下旬移栽，也可头年秋冬季提前定植。在秋季日照转短后成长的植株才能孕茭，每年秋季9～10月采收一季茭白。

1. 定植　气温稳定在15℃以上时为定植适期，长江中下游地区为4月上中旬。当茭白苗高20厘米左右时移苗定植。种植方式采用宽窄行，宽行100厘米，窄行80厘米，株距55厘米，每亩插1 350丛。

2. 施肥技术　茭白生长期长，需肥量大。尤其是对钾肥的需求较为突出，因此施肥原则是施足基肥、早施分蘖肥、巧施孕茭肥。

基肥：每亩施腐熟有机肥1 000～1 200千克或茭白专用有机肥50千克，不能用化肥作为基肥。

追肥3次，分别为：

提苗肥：栽后 18～20 天，每亩施尿素 7～10 千克作苗肥。

分蘖肥：栽后 35 天左右，每亩施碳酸铵、过磷酸钙各 40～50 千克、氯化钾 15 千克作分蘖肥。

催茭肥：孕茭期用 0.3% 磷酸二氢钾、0.5% 尿素进行叶面喷施；当 1/5 的茭白采收后，视叶色巧施催茭肥，一般每亩施碳酸铵 30～40 千克，叶色浓绿的田块可以不施。

3. 灌水技术　萌芽及分蘖前期宜保持浅水 3～5 厘米；分蘖后期水层逐渐加深至 9～12 厘米；孕茭期水深宜为 12～18 厘米；夏季高温季节（白天温度大于 33℃时）水深宜为 15～20 厘米，但最高水位不得超过茭白眼；入秋转凉后（气温降至 15℃时）水深宜为 4～6 厘米；冬季保持水层 3～5 厘米。

4. 田间管理

（1）除草。定植前，应结合耕翻整地清除杂草；茭苗定植活棵后，立即耘田除草；以后每隔 10～15 天进行一次，至封行前结束。

（2）除老叶。入夏后，将植株茎部的黄叶连同叶鞘除去。

（3）去杂除劣。发现雄茭、灰茭及时整墩挖除。

（4）越冬管理。当植株地上部分枯黄后，用快刀沿基部全部割除，清洁茭田，保持水层 3～5 厘米。

5. 病虫害防治　坚持"预防为主，综合防治"的植保方针，优先采用农业防治和物理防治。化学防治应符合《农药安全使用标准》（GB 4285）和《农药合理使用准则（所有部分)》（GB/T 8321）的规定。

（1）农业防治。栽植无病种株；采用水旱轮作；清洁田园、人工除草、减少病虫源；施足基肥、增施磷钾肥；避免缺水干旱。

（2）物理防治。频振式杀虫灯和性诱剂诱杀害虫。

（3）生物防治。在茭白田四周种植对茭白螟虫有强引诱效果的诱虫植物香根草，诱集螟虫产卵而减少茭白上的螟虫种群和危害；在螟虫的产卵高峰期人工释放螟虫卵寄生蜂。

（4）化学防治。秋茭主要病虫害是"四虫三病"，即二化螟、大螟、长绿飞虱、福寿螺及锈病、胡麻斑病、纹枯病。绿色食品生产基地，以下农药只准使用一次：二化螟通过性诱剂连片防治；大螟可用20％氯虫苯甲酰胺悬浮剂3 000倍液或1.1％绿浪乳剂1 000倍液防治，并兼治二化螟；长绿飞虱可用18％杀虫安水剂200倍液加10％吡虫啉可湿性粉剂1 000倍液防治，并兼治大螟、二化螟，注意不少于7天的采茭安全间隔期；推广茭白田套养中华鳖、茭鸭共育技术防治福寿螺及其他虫害、杂草。应用性诱剂、杀虫灯技术，减少化学农药的使用频次。

锈病、胡麻斑病、纹枯病发生田块，可分别使用15％三唑酮可湿性粉剂1 000倍液、50％扑海因（异菌脲）可湿性粉剂1 000倍液、5％井冈霉素水剂500倍液防治。三唑酮只准在苗蘖期防治一次，禁止在孕茭期使用。72％霜脲·锰锌可湿性粉剂600倍液，对茭白锈病、胡麻斑病都有较好防效，可交替防治使用。

（三）高山茭白的定植与管理

高山气温随着海拔升高而降低，海拔每升高100米，气温下降0.4～0.6℃，而山区通常采用溪水或水库水灌溉茭田，田间温度可明显降低。在海拔500米以上的高山，青山绿水，空气清新，特别是7～9月，平均气温比平原低3～6℃，非常适宜于茭白的生长发育。同时，8～9月又是平原蔬菜淡季，茭白销售价格高，经济效益好。因此，大力发展高山茭白生产，不失为增加山区农民收入的一条重要途径。

1. 定植 高山茭白一般以10月中旬至11月上旬前插种为主，也有翌年3月至4月中旬插种的。10月中旬，在选留好的优质种墩上，劈取健壮老茎苗，以一根带根的老茎为一苗，种植密度行距为80～100厘米，株距60厘米，宽窄行种植。每亩定植 1 200 丛左右。春季栽种一般在清明后用老茎苗或游离苗插种。如果使用游离苗作种苗时，注意不用雄茭、灰茭周边的苗。一般苗高不超过 40 厘米，每株以 3 苗为宜。

2. 施肥技术 一般山区田块，以粉沙土为主，土壤含钾量较低，保肥性能也较差。茭白是一种生育期较长的高大水生作物，需肥量极大，以早熟高效为栽培目的的高山茭白，由营养生长转为生殖生长，受茭白自身营养、环境气候条件、黑粉菌生长发育阶段和不同肥料品种等的影响，其施肥时期和施肥量较难掌握，尤其是孕茭肥的施用技术。施肥过重、过迟，偏施氮肥，会导致茭白贪青旺发，病虫危害加重，结茭推迟。供肥不足，又会导致茭白营养个体较小，脱力早衰，结茭瘦小，品质较差。在施肥技术上，一般要做到增施有机肥，氮、磷、钾合理配比，在耕翻前和越冬老墩田，每亩施基肥腐熟有机肥 1 500～2 000 千克；追肥应在谷雨前后每亩施茭白专用肥 150 千克，或者碳酸氢铵 50 千克、过磷酸钙 50 千克、氯化钾 15 千克。以后视茭白长势和孕茭情况酌情施追肥 1～2 次。开始孕茭时，应巧施催茭肥，促进肉质茎膨大，以提高产量，一般每亩施碳酸氢铵 30～40 千克。催茭肥要适时施入，过早施尚未孕茭，易引起徒长、推迟孕茭；过迟施，不能满足孕茭期对肥料的需要而影响产量。

3. 灌水技术 茭白水位管理要做到"浅-深-浅"。定植后的生长前期（分蘖前），保持 3～5 厘米的浅水位，以利于提高土温，促进发根和分蘖；到分蘖后期，将水位加深到 12～15 厘米，以抑制无效分蘖的发生；进入孕茭期，及时利用高山冷水及时串灌，促进孕茭，此时水位应加深到 15～18 厘米，但不能超过"茭白眼"的位置，防止薹管伸长；孕茭后，应降低水位至 3～5 厘米，以利于采收。采收后，茭白田要保持浅水层或土壤湿润状态过冬。

4. 田间管理 高山春季气温较低，茭白抽青或栽后要灌水保温活棵，严防冻害，促进早发，一般水层保持在 3～5 厘米。老茭白在清明前除杂定苗，每亩保持健壮苗 8 000～10 000 株；新栽田栽后 15 天，茭白抽青成活后，结合追肥、耘田、松土除杂，促进早发。一般 5 月中旬为分蘖高峰，此后要除掉在谷雨后抽生的幼弱苗，进行控苗，每墩控制在 8～10 苗。在控苗技术上，采用先搁田后灌深水的办法。一般在 5 月中旬开始搁田，搁田程度以田现细裂为度。搁田后，立即灌水 10～16 厘米控蘖。7 月上旬加高水位至 15～18 厘米，活水串灌，深水护茭。

除草：定植前，应结合耕翻整地清除杂草；茭苗定植活棵后，立即耘田除草；以后每隔 10～15 天进行一次，至封行前结束。

除老叶：入夏后，将植株茎部的黄叶连同叶鞘除去。

去杂除劣：发现雄茭、灰茭及时整墩挖除。

5. 病虫害防治 高山茭白生长期间，病害主要有茭白锈病和纹枯病。纹枯病可通过间苗定苗、增施钾肥、增加通风透光加以控制。锈病作为危害高山茭白的主要病害，5 月下旬至 7 月间，在山区高温高湿条件下危害特别严重，除了加强肥水管理外，药剂防治做到抓准抓早，防治时间提前到 5 月 20 日前，与防治一代螟虫一起进行，药剂可选用 12.5% 烯唑醇可湿性粉剂 2 500 倍液或 10% 苯醚甲环唑水分散粒剂 2 000 倍液喷雾。入梅前抓晴天普防 1 次，发病田块每隔 7～10 天喷防 2 次，连喷 2 次。进入 7 月则应慎用杀菌剂防病，否则可能对茭白孕茭和茭白产量产生影响。

高山茭白虫害主要是长绿飞虱和二化螟。海拔 500 米以上的高山，二化螟在彻底抓好一代防治后，二、三代基本不用防治。据编者观察，一般在 5 月 15 日左右，高山一代二化螟开始孵化，比平原迟 10 天左右。因此，防治适期掌握在 5 月

15～20 日，药剂可用 20％氯虫苯甲酰胺悬浮剂 3 000 倍液或
1.1％绿浪乳剂 1 000 倍液防治。长绿飞虱在高山环境下有两
个发生高峰：第一个高峰在 7 月 15 日前后，第二个高峰在 8
月 15 日前后，防治一代长绿飞虱可与一代螟虫一起进行。第
二代防治适期在 8 月 15 日左右，可用 18％杀虫安水剂 200 倍
液加 10％吡虫啉可湿性粉剂 1 000 倍液防治。

第五节　高效套种（养）模式

一、双季茭白大棚＋地膜双膜覆盖促早栽培模式

茭白是我国主要的水生蔬菜，栽培面积达 100 多万亩。茭
白销售市场竞争日趋激烈，传统种植模式效益不断下降，早熟
栽培是突破市场销售和提高经济效益的主要技术措施。茭白大
棚栽培是缓解上市集中、效益低下、农民种植积极性不高的一
个有效举措。大棚单层薄膜覆盖栽培的茭白比露地栽培提早
15～20 天，而大棚薄膜＋地膜双膜覆盖栽培的茭白比露地栽
培提早 25～30 天，效益比常规露地栽培增加 1 倍以上，亩产
值在 1 万元以上。大棚单层薄膜覆盖由于土壤蒸发而棚内雾气
较重，影响透光率，棚内温度相对较低。大棚＋地膜双膜覆盖
后，由于棚膜的阻隔，大棚内湿度相对较低，透光率也高，升
温快，棚内能量积蓄较多，能较长时间保持一定温度。据观
察，1 月上旬双膜覆盖后地膜内的温度分别比大棚和露地高出
5℃和 15℃，有效地促进了根系和幼苗生长。但双膜覆盖后地
膜内湿度大、光照不足，秧苗生长较弱。因此，对棚内温湿度
及秧苗管理较为严格。双季茭白大棚＋地膜双膜覆盖栽培技术
要点如下：

1. 选择适宜品种　作为双膜覆盖栽培的茭白品种，要求
生长势中强、抗性好（耐低温、耐湿、抗病强）、丰产稳产。
通过比较试验，以浙茭 2 号、浙茭 3 号、龙茭 2 号为好。

2. 搭建大棚 双膜覆盖栽培的大棚标准为 6 米或 8 米钢架大棚，中立柱高 2.3 米以上，搭建长度一般为 60～70 米，棚间距 1.5 米，南北走向为宜。有条件的可按照田间宽度设计田埂，这样可以提高大棚钢管使用寿命，提高保温效果，方便操作。

3. 加强秋茭采后管理，培育健壮根系 在 11 月底至 12 月初秋茭采收后期至结束时，每亩施用进口复合肥 10～15 千克，防止早衰，促进茎秆粗壮，根系发达，以利于早发；不宜过早割除枯茭叶，至少在 12 月上旬前保持茭墩残株青绿，以促进茭墩根系养分积累，防止越冬期茭墩受冻，使得翌年出苗早而粗壮。

4. 防病治虫，堆放枯枝叶 秋茭采收结束后，立即排干积水搁田。用 12.5%烯唑醇 2 000～2 500 倍液喷雾，做好防治锈病工作。于 12 月下旬大棚扣膜前 3～5 天割除枯茭叶，齐泥割去地上部分。为方便操作和节约成本，将秋茭枯叶堆放在茭白行间，以后作为地膜覆盖的支撑架。

5. 适时覆盖地膜，促进茭白早发 覆盖地膜前田间保持湿润，以促进茭白根系提早萌动。12 月底扣棚，大棚内开好丰产沟，以提高土壤温度。大棚膜采用 6～7 丝无滴长寿膜，地膜采用 1 丝无滴膜，地膜贴着枯茭叶覆盖，两端拉紧以防止薄膜贴苗。由于地膜覆盖离地不到 20 厘米，茭白苗的生长空间较小，出苗后叶片长时间顶着地膜容易烂叶。因此，地膜覆盖时间要严格把控，过短则达不到促进生长的效果，过长则因抗性减弱而死苗。经常观察膜内出苗及生长情况，以苗高20～25 厘米揭膜为宜，一般地膜覆盖时间控制在 30 天左右。此间气温相对较低，一般以全封闭为主，当天气晴好、大棚内温度≥35℃时，开启大棚裙膜调节棚内温度。

揭地膜宜在晴天进行，因秧苗在地膜内长时间光照不足，较虚弱，需要进行 1～2 天炼苗。同时，要防止因环境迅速改变（湿度下降）而伤苗。揭去地膜后及时灌薄水护苗，逐渐增加大棚内通风量，2天以后施薄肥，每亩用尿素7～10千克。如遇倒春寒，可采用灌水护苗，待寒潮过后再放水。

6. 加强大棚管理，促进茭白壮苗　在大棚双膜覆盖下，地膜内的高温高湿环境促进根系萌动，出苗快，但苗虚弱徒长、营养不良。地膜揭去后需加强管理，降低大棚内湿度，消除雾气，保持叶片干燥，增加光合作用。一般在9∶30开始通风降湿，通风多为大棚两边交错开气窗，16∶00左右扣棚保温。

大棚内温度达到35℃以上，易产生烧苗，需加大通风降温；碰到连续阴雨天也要开窗通风，有利于壮苗，防止徒长，减少无效小苗，提高孕茭率。大棚膜揭膜前3天进行炼苗，4月10日左右揭去大棚膜。此时双膜覆盖栽培的茭白已采收1～2批。

7. 薄肥勤施，及时定苗，培育壮苗　分期分批施肥，地膜揭去后迅速灌水，2天后首次施尿素7～10千克/亩，其后追4次肥。总施肥量，每亩施腐熟生物有机肥1 000千克、进口复合肥和尿素各75千克。末次施肥需在3月10日前结束。选择晴好天气施肥，做到薄肥勤施，施后在晚间开窗通气，防止氨气烧苗，并灌薄水5厘米，3天以后氨气基本散尽后才能在晚上完全扣棚。

秧苗间苗分2次进行：第一次在2月初，当苗高长至30～40厘米时进行；第二次在2月中旬定苗，每墩保留18～20根壮苗，并在茭墩内嵌土、培土，以增加营养和空间。同时，将行间枯茭叶揿入土中作为有机肥，培土高度不能超过叶枕（即茭白眼）。

8. 适时搁田，促壮防病　平时多通风降湿，以提高茭白植株的抗逆性。大棚栽培茭白生长比较瘦弱，易感胡麻叶斑病、锈病，控制大棚内湿度是防病的基础。在第二次定苗培土后，需进行 1 次搁田以促进扎根，以后采用干湿交替管理。2 月下旬孕茭前，用 12.5％烯唑醇可湿性粉剂 2 500～3 000 倍液喷雾防病，孕茭期间禁止使用农药。

9. 根外追肥，提高品质　大棚茭白营养生长较短，孕茭期集中，养分需要量较大。因此，除常规施肥外，还需要进行 2 次根外追肥。第一次在 2 月中旬，第二次在 3 月 10 日左右即在间苗结束时（4～5 叶 1 心期）施用，喷施孕茭调节剂与营养液，营养液以微量元素肥料加氨基酸类物质为主，在 10：00 露水干后或 15：00 以后施用。茭白孕茭期间视叶色巧施孕茭肥，当 70％左右茭白植株孕茭时，一般每亩用进口复合肥 20 千克左右。

10. 留养浮萍，适时采收茭白　当植株叶鞘略有裂缝、茭白肉露出 1～2 厘米时，及时采收。夏茭采收时，由于高温高湿，要求在早晚进行，收获的茭白需放置在阴凉处，以防止发热变质。第二批采收后，看苗情薄肥勤施。采收期水位增至 20～30 厘米，并留养浮萍，以保持茭白洁白。

二、大棚茭白套种丝瓜立体高效种植模式

茭白是我国主要的水生蔬菜，茭白田套种水芹、蕹菜等作物是比较常用的种植模式，但水芹、蕹菜等套种作物都是种植在茭白植株行间，占用茭田平面空间，与主栽作物形成竞争，套种效果不是十分理想。根据茭白的生产特性，不断探索优化种植模式，总结出大棚茭白套种丝瓜立体高效种植模式。该模式利用大棚茭白 6～8 月的空闲期，套种丝瓜，既增加一季丝瓜收入，又能为高温期茭白植株遮阳降温，促进茭白生长。据试验示范，大棚茭白套种丝瓜立体种植模式每亩可收秋茭 1 300 千克左右，产值 3 120 元；收夏茭 2 300 千克左右，产值 8 050 元；收丝瓜 1 500 千克左右，产值 3 300 元。全年每亩产值在 1.4 万～1.5 万元，经济效益显著。现将该模式介绍

如下：

1. 茬口安排 7月中下旬定植茭白，10～12月收获秋茭。12月中下旬大棚茭白覆膜，翌年4～5月收获夏茭。4月在棚间培制土墩套种丝瓜，5月引蔓上架，6～8月收获丝瓜。

2. 秋茭

（1）品种选择。可选择浙茭2号、浙茭3号、浙茭6号、龙茭2号等双季茭早中熟品种为好。

（2）育苗移栽。选择株形整齐，结茭部位低，孕茭率高，茭肉肥大洁白，无雄茭、灰茭，并且成熟一致的茭墩作为种墩。在3月底前进行分苗寄植，将挖取的茭白单株实行1苗1穴，分苗假植在育苗田中，株行距50厘米×25厘米，每亩大田约需60平方米苗床。待大田夏茭收获完毕后，进行翻耕、平整。至7月中旬，育苗田中的茭白种苗一般都已发生3～5个分株，用快刀劈开则成3～5株定植苗。定植时，将定植苗剪去上部叶片，保留叶鞘长30厘米，减少水分蒸发，提高定植成活率。秋茭栽植采用宽窄行栽培，行株距为（100～120）厘米×55厘米，亩栽1 100株左右。相邻两个大棚之间留1.2米的空间种植丝瓜。

（3）施基肥。定植前2周施用基肥，每亩施腐熟栏肥或人粪尿1 500～2 000千克、碳酸氢铵40千克、过磷酸钙40千克或三元复合肥30千克。

（4）追肥。第一次追肥在定植后10～15天，每亩施尿素5千克、复合肥5千克；视长势隔10～15天再施1～2次，每亩施尿素5千克、复合肥10千克；孕茭前半个月左右停施。待50%左右植株开始孕茭后施孕茭肥，每亩施复合肥20千克，促进茭白粗壮，提高产量。

（5）田水管理。茭田施基肥后即行灌水，除孕茭期水位稍高外，其他时期保持水位3～5厘米即可。

（6）病虫害防治。茭白病虫害发生较重的主要有锈病、胡麻叶斑病、纹枯病、二化螟、长绿飞虱，需综合防治。大田翻耕、平整时，每亩撒施石灰 50～100 千克，既可杀死土壤中的病菌，又可调整土壤 pH。及时去除茭株基部老、黄、病叶及无效分蘖，改善株间透光条件，抑制病害发生。每隔 50 米安装 1 盏诱虫灯，控制二化螟和长绿飞虱危害。此外，还应根据病虫发生情况及时做好药剂防治。

锈病发生初期，用 12.5％烯唑醇可湿性粉剂 3 000 倍液、20％腈菌唑可湿性粉剂 2 000 倍液、20％三唑酮乳油 1 000 倍液或 10％苯醚甲环唑水分散粒剂 2 000 倍液，每 7～10 天喷药 1 次，轮换用药 2～3 次。注意三唑类药剂对茭白有药害，只可在早期使用，一个生长季最多使用 2 次。

纹枯病在发病初期用 20％三环唑可湿性粉剂 500 倍液、5％井冈霉素水剂 3 000 倍液或 50％多菌灵可湿性粉剂 800 倍液，每隔 7 天 1 次，防治 2～3 次。

胡麻叶斑病在发病初期用 20％三环唑可湿性粉剂 800 倍液、10％苯醚甲环唑水分散粒剂 2 000 倍液或 80％代森锰锌可湿性粉剂 1 000 倍液喷雾防治，每隔 7 天 1 次，防治 2～3 次。

二化螟可在越冬代成虫期采用昆虫性诱剂控制，或幼虫孵化期用 20％氯虫苯甲酰胺悬浮剂 3 000 倍液或 2％阿维菌素乳油 1 500 倍液防治 1～2 次。

长绿飞虱可用 10％吡虫啉可湿性粉剂 2 000 倍液或 25％扑虱灵（噻嗪酮）可湿性粉剂 1 000 倍液防治。

（7）草害防治。待苗长齐后，及时耘田，除去杂草。也可排干田水，每亩用 18％乙苄系列 30 克或 10％苄嘧磺隆 12～15 克，兑水 40 千克喷雾，过 1 天覆水。还可套养鱼、鸭来控制草害。

（8）采收。秋茭自 10 月底开始采收，至 12 月上旬结束。采收标准一般掌握在茭肉明显膨大，叶鞘一侧略张开，外露 0.5～1.0 厘米时及时采收。过迟则质地粗糙、品质下降，过早则茭白嫩而产量低。需外运销售的产品在收后留 3 片苞叶浸水，使茭白经远距离运输仍保持肉茎鲜嫩。

3. 大棚夏茭

（1）搭棚盖膜。秋茭采收后，及时割去地上部残株，清洁田园，集中烧毁，以减少虫口和病菌的越冬基数。为促进植株提早萌发，一般于 12 月底完成搭棚并盖膜。搭棚前要放干田水，保持田面湿润，脚不下陷，以利于搭棚时的田间操作。适宜搭建 6～8 米宽钢架大棚，2 个大棚之间留 1.2 米宽的套种空间。

（2）萌芽肥。12 月中旬盖膜前施萌发肥，每亩施碳酸氢铵 50 千克、过磷酸钙 50 千克或三元复合肥 40 千克。施好后 1 周盖膜，灌浅水，以提高肥料利用率。

（3）追肥。夏茭第一次追肥在苗高 10～20 厘米时，每亩施尿素 5 千克、复合肥 10 千克，以后视植株长势，每隔 10～15 天再施 1～2 次，每次用尿素 5～8 千克、复合肥 10 千克。待 50% 左右植株开始孕茭后施孕茭肥，每亩施复合肥 25 千克。

（4）间苗。当苗高 20～30 厘米时开始间苗定株，剔除中心苗、弱小苗，每墩留疏密均匀的粗壮苗 20～25 根定株。间苗的同时，在茭墩中心压上淤泥，防止已除苗再抽生，也使植株向四周分散生长。

（5）大棚管理。棚栽茭白 3 月中旬前以盖膜保温为主。早春茭墩抽苗后，天气暖和时在 10：00 气温升高后进行大棚两头通风，棚内气温超过 30℃时，揭边膜和两头通风，防止高温伤苗；当棚内湿度过大时，在中午前后进行通风降湿。在 4 月初茭白植株叶片长至触及大棚肩部棚膜时即可全揭膜。

（6）病虫害防治。大棚夏茭由于比露地生长期提前，病虫害发生相对较轻，一般只需对锈病、胡麻叶斑病进行 1 次化学药剂防治即可，可选用 50% 多菌灵可湿性粉剂 800 倍液、

20％腈菌唑可湿性粉剂 2 000 倍液或 10％苯醚甲环唑水分散粒剂 2 000 倍液进行喷雾。

（7）采收。大棚夏茭一般在 4 月上旬开始采收，比露地提早 25 天左右，一直采至 5 月下旬。采收标准可参照秋茭。

4. 丝瓜

（1）品种选择。一般选择较耐水的普通丝瓜，如嵊州白丝瓜、春丝 1 号等。

（2）培制土墩。在大棚行间每隔 1.5 米培制一个土墩。培制土墩所需泥土可就地取材，在秋茭采收后排干田水，预先起堆晒干，混施农家肥，有控根容器或竹篓围住。土墩直径要求 40 厘米以上，高度要求 50 厘米以上。土墩高度若过低，丝瓜定植后，茭田水面离丝瓜根系近，影响根系生长发育。

（3）育苗定植。丝瓜在 3 月中旬以穴盘或营养钵播种育苗，播后 1 周出苗，在 4 月下旬当秧苗有 4 叶 1 心时，选择晴天定植。每个土墩定植 4 株，每亩栽 240 株左右。

（4）引蔓上架。在大棚内离水面 1.5 米高度拉设尼龙丝网，待丝瓜藤蔓长到 50 厘米后，用尼龙绳或竹竿引蔓上架，结瓜后从网洞垂挂下来，方便瓜蔓整理、丝瓜采收。

（5）植株整理。丝瓜的主侧蔓均能开花、结果，一般以主蔓结果为主。丝瓜开花后，主蔓基部 0.5 米以下的侧蔓全部摘除，保留较强壮的侧蔓，每个侧蔓在结 2～3 个瓜后摘顶。上架后如侧蔓过多，可适当摘除一些较密或较弱的侧蔓，及时疏除过密枝条、老叶、黄叶以及畸形幼果等，以利于通风透光、养分集中，促进瓜条肥大生长。

（6）肥水管理。茭白田一般常年有水，培植丝瓜的土墩置于茭白田中，水分相对充足，不需要浇水。出现雌花后进行第一次追肥，每亩施复合肥 3 千克，兑水浇施或撒施，坐果后再追施 1 次，每亩施复合肥 3 千克。至 6 月下旬左右，丝瓜根系已伸展至篓底部，此时可在篓底部外围撒施肥料，以利于吸收。丝瓜进入采收盛期，每采收 2 次追肥 1 次，每次每亩施复合肥 3～5 千克。

（7）病虫害防治。丝瓜在整个生育期主要病虫害有霜霉病、白粉病及蚜虫、瓜绢螟等，需及时对症下药。

霜霉病发病初期选用 75％百菌清可湿性粉剂 600 倍液、64％杀毒矾可湿性粉剂 400～600 倍液、70％代森锰锌可湿性粉剂 800 倍液或 50％烯酰吗啉可湿性粉剂 1 000 倍液喷雾防治。

发现叶片有白粉病零星小粉斑时应立即施药防治，可喷施 10％苯醚甲环唑水分散粒剂 2 000 倍液、12.5％烯唑醇可湿性粉剂 2 500 倍液、20％三唑酮乳油 1 000 倍液或 70％代森锰锌可湿性粉剂 800 倍液，交替使用，隔 5～7 天 1 次，连续 2～3 次。

蚜虫可用 25％吡蚜酮可湿性粉剂 2 000 倍液、25％噻嗪酮可湿性粉剂 1 500 倍液或 10％吡虫啉可湿性粉剂 1 000 倍液等喷雾防治。

瓜绢螟幼虫发生初期及时摘除被害的卷叶，可用 1％甲维盐乳油 3 000 倍液、1.8％阿维菌素乳油或 15％茚虫威悬浮剂 2 000 倍液喷雾防治。

（8）适时采收。丝瓜连续结果性强，盛果期果实生长较快，可每隔 1～2 天采收 1 次。嫩瓜采收过早产量低，过晚果肉纤维化，品质下降。采收时间宜在早晨，用剪刀齐果柄处剪断。采收时必须轻放，忌压。

（9）适期拉蔓下架。盛夏期过后，气温开始下降，丝瓜也已经过了盛采期。为不影响秋茭植株生长，丝瓜应及时拉蔓下架，将枝叶清理干净并销毁。

三、茭白田套养中华鳖高效种养模式

茭白田套养中华鳖是浙江省近年来发展起来的高效生态种养结合模式，目前在余姚、鄞州、奉化、桐乡、德清等地已有数千亩面积。茭白田内套养中华鳖，鳖以福寿螺等为食物，既大幅增加农户的经济收入，又能有效控制福寿螺的危害和蔓延，减少农药使用，使茭白产品更加安全卫生。套养田茭白以种植单季茭和高温型（夏秋兼用型）双季茭为主，一般年产双季茭 2 500～3 000 千克/亩，产值 5 000～6 000 元；年产单季茭 1 000～1 300 千克/亩，产值 3 000～4 000 元。套养中华鳖年产 40～50 千克/亩，产值 5 000～8 000 元。茭鳖合计产值在 1.3 万～1.8 万元。该模式经济效益、社会效益和生态效益十分显著，具有较高的推广应用价值。现将套养技术要求介绍如下：

1. 套养田选择 套养田适宜选择在福寿螺发生区，并且应无工业废水污染，进排水方便，水质良好，连片集中的田块。

2. 品种选择

（1）茭白品种。选择单季茭和高温型（夏秋兼用型）双季茭为主，单季茭品种有八月茭、回山茭，高温型双季茭品种以河姆渡双季茭为主。

（2）中华鳖品种。应选择身体扁平、活动能力强、嗜食肉食动物的中华鳖为放养鳖种。该鳖种接近野生鳖种，生存能力强，抗病性好，口宽，上下颚有坚硬的角质齿板，可压碎螺、蚌类。

3. 放养前准备

（1）茭白种植。河姆渡双季茭、单季茭都在 3 月下旬移栽。河姆渡双季茭种植规格行株距为（80～100）厘米×60 厘米，亩栽 1 230 墩。单季八月茭种植规格 100 厘米×60 厘米，亩栽 1 110 墩。

（2）茭白田开深沟、挖暂养池。中华鳖放养前，在茭白田四周开深沟，沟宽 100 厘米，深 50 厘米；面积较大田块可在中间增开十字形深沟。这样，农事操作时有利于中华鳖返回沟中躲避，以及在 7～8 月高温季节降低水温，使沟底、池底水温不超过 32℃，不影响中华鳖正常生长。开沟同时加宽、加固四周田塍，阳光充足时有利于中华鳖在田塍上晒太阳，起到杀灭寄生藻类和细菌的作用。以 10～15 亩为一套养区，挖暂养池。暂养池水深 1.0 米左右，面积 100 平方米左右。10 月底 11 月初随着气温下降，全部茭白品种采收结束，茭白田处于浅水或润湿状态，大部分中华鳖会主动爬入暂养池，有利于及时回迁。

（3）防逃设施。放养前，田四周围上防逃设施，材料采用 1 米高彩钢瓦或 90 厘米高水泥瓦（含水泥成分要高），30 厘米埋入土中，60～70 厘米留在上面，每隔 1.5 米用木桩或竹桩加固，最上部用竹片、铁丝加固。进出水口用铁丝网拦截，防止中华鳖外逃。

4. 中华鳖放养 外塘鳖苗在水温超过 12℃时开始放养，一般在 4 月中旬放养。温室鳖苗在最低水温超过 20℃时放养，一般在 5 月底（具体根据气温而定），以保证幼鳖的成活率。放养前，中华鳖用 0.01% $KMnO_4$ 溶液消毒 10～15 分钟，至中华鳖表皮发黄为止。放养密度根据茭白田中福寿螺多少来定，考虑到防逃设施成本较贵，可适当增加放养密度，推荐放养密度为每亩 50～70 只为宜。密度过低，防逃设施成本较高，经济效益难以体现；密度过高，饵料不足引起自相残杀，易引发各种病害。

5. 套养田茭白管理

（1）施肥技术。3 月底茭白种植前施足施好基肥，一般亩施腐熟的有机肥 1 000～1 200 千克或茭白专用肥 80 千克或复合肥 50 千克。中华鳖放养后，茭白田中施肥以少施多次为好，施肥以茭白专用肥、复合肥为主，少施尿素，不施碳铵，因氨浓度高时对中华鳖有毒性。水中的氨态氮浓度在 30～100 毫克/升时中华鳖摄食量下降；浓度为 100 毫克/升即发生氨中毒的危险，也容易发生腐皮病、疖疮病等；浓度为 150 毫克/升时会停止摄食；浓度再高就会严重威胁其生存。套养中华鳖水体氨浓度最好控制在 10 毫克/升以下，上限不超过 30 毫克/升。因此，应尽量不施碳铵，少施尿素，以减少水中氨态氮的含量，确保中华鳖健康生长。

（2）灌水技术。灌水技术按"浅-深-浅"的原则进行：移植后一个月内田间浅水，保持水层 3～5 厘米，促进茭白分蘖；移植一个月后水层逐渐加深，7 月初至 8 月底高温期间进行深水灌溉，建立水层 10～13 厘米；9 月上旬至 10 月中旬，保持水层 5 厘米左右，有利于孕茭采茭；采茭结束后，随着中华鳖的起捕，逐渐放浅田水。

（3）病虫害防治。套养田中茭白的防病治虫，应尽量选用农业防治、物理防治、生物农药和低毒低残农药防治。结合冬前割茬，收集病残老叶集中处理，减少越冬菌源。在茭白生长中期，进行 2～3 次剥叶、拉黄叶，增加植株间的通风透光性，以抑制病害的发展。积极推广用性诱剂防治茭白田二化螟、大螟，在选用农药防治时，尽量少用对水生生物生长有影响的农药。施药时采用喷雾施药，不散施或泼浇，应在晴朗无风的天气进行，夏季应在 10：00 前或 16：00 后进行。严禁在刮风或下雨时施药，以免农药被风吹雨淋进入水中，污染水质，影响中华鳖生长。

套养田按规定用量可以使用的农药有：15％三唑酮、70％代森锰锌、5％井冈霉素、20％氯虫苯甲酰胺悬浮剂、50％多菌灵可湿性粉剂、45％硫黄・三环唑可湿性粉剂、72％ 霜脲・锰锌可湿性粉剂、10％ 吡虫啉可湿性粉剂。孕茭期慎用杀菌剂。

6. 套养田中华鳖管理

（1）创造良好环境，把好水质关。中华鳖适宜生长水体 pH 为 7.5～8.5，定期向养殖水体中泼洒适量生石灰或漂白粉等，调节水体 pH。水体 pH 低于 7 时，泼洒浓度为 20 克/立方米的生石灰；水体 pH 较高时，可泼洒一定剂量的漂白粉、二氯异氰尿酸钠等，使水质处于弱碱性状态，有利于中华鳖生长。茭白田水质变差时，定期更换新鲜水质。茭白田中适当放些浮萍，既可净化水质，增加水体溶氧量，减少换水量，还能为中华鳖提供隐蔽场所，减少相互撕咬，又为福寿螺增加食料。

（2）经常检查中华鳖的捕食情况。要经常检查中华鳖对福寿螺的捕食情况，若发现食料不够，应及时向套养田投入福寿螺成螺，利用成螺产卵块，再孵化成小螺来解决中华鳖食料。如果福寿螺不足，用投入小杂鱼、小虾、螺蚌类来代替，不投配合饲料。投饵分早晚二次投喂，投饵时要设置投饵观察台，及时了解捕食情况。投饵要做到定点、定时、定量、定质。

（3）经常检查防逃设施。要经常检查防逃设施是否牢固，进出小沟铁丝网有无脱落。防逃设施内外应经常清除杂草，特别是在茭白采收期，茭白秸秆应及时清除，以防被中华鳖搭桥外逃。要搭建管理用房，派专人管理。

（4）中华鳖病防治。应该以"预防为主，治疗为辅"，创造条件，采取"无病先防，有病早治"的积极措施，尽量减少或避免疾病的发生。把握好以下环节，可有效减少鳖病的发生：选择好的种苗、套养前消毒、把好水质关、适宜的套养密度、有栖息晒盖场所、发病个体及时清理出套养田。

近几年套养观察，套养田中华鳖主要发生病为疖疮病，与茭白田中氨浓度有关。用强氯精（有效氯 98%）对水体进行消毒，每立方米水体用 1 克强氯精，隔天连防 3 次能有效控制。或者用碘三氧防治，用量按 100 克/（亩·米）使用，每15 天用一次，连续使用 2～3 次能有效控制。

7. 茭白采收与中华鳖适时迁捕 双季茭 6 月上中旬采收梅茭，9 月上旬采收秋茭，单季茭 9 月中旬至 10 月上旬采收结束。采茭时，尽量做到轻手轻脚，避免对中华鳖不必要的伤害。秋茭采收结束后，根据气温在 10 月底或 11 月上旬及时回迁中华鳖。因这时中华鳖已很少进食，即将进入冬眠期。当水温低于 12℃时，中华鳖就会潜入泥土中冬眠，如不及时迁出将增加捕捉难度和工作量。迁出后在池塘暂养，以后可以根据市场需要及时捕获出售。

四、茭鸭共育种养结合模式

茭鸭共育种养结合模式是以茭白田为基础、优质茭白生产为中心、蛋鸭放养为特点、产品达到无公害为目的、自然生态和人为干预的种养相结合的新型农作模式。即在茭白生长期间，充分利用蛋鸭在茭白田间捕虫、吃草、耘田，减轻病害和杂草危害，促使茭白健壮生长，同时促使产品无公害、低成本生产，达到高效益并兼有保护生态环境的综合效果。1 亩田养鸭 10 只左右，可增加养鸭收入 1 500～2 000 元。现将技术要点介绍如下：

1. 鸭子养殖要点

（1）鸭子品种。放养的鸭子品种宜选用绍兴麻鸭、缙云麻鸭，麻鸭个体较小，行动灵活，喜好觅食，食量较小，成本较低，抗性强，适应性广，成活率高，肉质好。而北京白鸭个体大，行动不灵活，寻食能力较差，且需喂食量多，不宜选用。为了预防鸭子疾病发生，均需按规程做好防疫工作。

（2）放养密度。放养密度既要考虑茭白田提供的天然食料能保证鸭子正常生长的需要，又要考虑能取得较好的经济效益，使茭、鸭、萍互利共生。实践结果表明，放养密度过高，由于虫、草等食料不足，影响鸭子体重增加，降低回收率。在茭田养萍条件下，建议放养密度掌握在每亩 10～12 羽。

（3）放养时间。茭鸭共育期控制在双季茭白有效分蘖末期至茭白采收初期为宜，共育期 60 天左右，应避免春茭幼苗期和秋茭分蘖期套养鸭子。放养的绍兴麻鸭雏鸭必须先在室内饲养 30 天左右，再放入茭田全天候散养。这样既可提高鸭子成活率，又能确保茭白正常拔节孕茭、不伤害茭白植株。

（4）投食方式。在茭鸭共育期间，要注意鸭子饲料的投喂。全天候野放，每天需投喂饲料 2 次，早、晚各 1 次。根据鸭子个体大小确定投饲量，以保证鸭子正常生长。

2. 茭白田管理

（1）选择适宜的茭白品种。茭白品种选用单双季品种都可以，茭白品种要选用株高中等、株形集散适中、茎粗叶挺、品质较好的品种。

（2）确保共育期间有充足的绿萍生长量。茭田养萍有多方面作用：一是肥田，可减少施肥量；二是调节田间小气候，绿萍覆盖全田水面，遮光调温，可提高茭白商品性；三是在茭鸭共育条件下，充足的绿萍生长量可减少饲料投喂，一般每天每羽可减少投喂饲料 50～75 克。共育期间要求保持田间水面长满绿萍，产量需维持在每亩 1.3 吨左右，以利于提高鸭子商品性和回收率。

（3）营造良好的栖息环境。茭白田养鸭示范区域要预留占比约 0.5% 的草地或搭建简易棚供鸭子栖息，为鸭子营造良好的栖息环境。

除需做好以上几点外，茭白、鸭子管理技术可参照常规管理。

第三章　莲　藕

第一节　起源与分布

莲藕 (*Nelumbo nucifera* Gaertn.)，别名菡萏、芙蕖、朱华、水芙蓉，莲藕为莲属多年生水生草本植物。起源于我国，种植历史3 000多年，是一种用途十分广泛的水生经济作物。它不仅可供食用、药用，莲还是我国十大名花之一，深受广大人民群众所喜爱。

莲藕全身是宝，它的根、茎、叶、花、果都有经济价值。除了藕和莲子供食用外，花粉、荷叶、莲心等，也都可以作菜肴或饮料及保健食品。藕中一般含淀粉10%～20%，蛋白质1%～2%，莲子中的淀粉和蛋白质含量分别高达40%～50%和19%～22%，而且都含有多种维生素，是优良的水生蔬菜和副食佳品，可供生食、熟食、加工罐藏、制作蜜饯和藕粉等。产品比较耐储藏和运输，在国内外市场上销路很广，是出口创汇的重要商品。莲藕还是中医常用的药物，藕节、莲根、莲心、花瓣、雄蕊、荷叶等都可入药。

荷花，因它的花和叶艳丽多姿、高雅清香，在我国园林中常作为水景布置的重要植物材料。

莲藕在我国分布十分广阔，资源丰富，从东北大地到海南岛，从东海之滨到青藏高原都有它的踪迹。栽培主产区在长江流域和黄淮流域，以湖北、江苏、安徽等省的种植面积最大，目前估计全国栽培面积在50万～70万公顷。今后，随着广大水乡湖滩资源的开发利用、农村产业结构的调整和进一步对外开放，我国的莲藕生产和销售必将得到新的发展和提高。

第二节　形态和生长习性

一、形态特征

莲藕主要由根、茎、叶、花、果实等组成。

1. 根　莲藕的根有 2 种：一种是主根，另一种是不定根。主根是莲子播种后，由种子的胚根所形成的，但主根不发达。在生长过程中起作用的是不定根，不定根呈须状，成束地环生在地下茎各节周围，并向斜下和直下方抽生。一般每节上有 5～8 束不定根，总数有 130～180 条，每条根长 8～25 厘米。在不定根上密生许多侧根。不定根能不断更新，幼根呈白色或淡紫色，老根呈黄褐色或深褐色。发达的不定根主要起吸收水分、养料和固定与支持植株等作用。

2. 茎　莲藕的茎为地下茎，横生于土中，栽培时多用种藕作播种材料。种藕顶端有 1 个顶芽、1 个叶芽和 1 个较小的副芽，节上有鳞片和侧芽。栽植后，顶芽和侧芽均可萌发成细长的鞭状根茎，又称藕鞭或莲鞭。莲鞭有主鞭和侧鞭之分，主鞭由多节组成，每节长度不一，初生的短，后生的长。主鞭节部抽生分枝，即侧鞭。侧鞭节部还可以二次分生，每支种藕能生莲鞭十几条或更多，从而形成一个庞大的植株。

藕按其着生的主从关系，有主藕、子藕、孙藕之分。主藕又称亲藕或母藕，是由莲鞭主鞭先端膨大而形成的。主藕一般 3～7 节，多的可达 8 节以上，每节长 10～30 厘米，横径宽在 5～15 厘米，节部缢缩，使每节呈圆筒形或椭圆形等。在主藕的节间部抽生的莲鞭膨大而形成的藕，称为子藕。子藕一般 2～4 节，子藕的节数、大小与生长在主藕的部位有关，在主藕较前端生长的子藕一般较小，节数也少，甚至只有 1 节，越向主藕的后部，生长的子藕越大，节数也越多。在子藕的节间部抽生的莲鞭膨大而形成的藕，称为孙藕。孙藕较小，只有1～2节。1支主藕上着生子藕和孙藕齐全的藕，称为全藕或整藕。

藕最前面的一节称为藕头，藕中间的各节称为中节，藕最后面临近莲鞭的一节细而长，称为后把节或后把。

藕的皮色为白色或黄白色，其上多散生有淡褐色的皮点。藕中有细丝和孔道。细丝在藕折断后仍不断，所以有藕断丝连之说。孔道纵直多个，并与莲鞭、叶柄中的孔道相通，进而经荷叶中心的叶脐相接，进行气体交换。

3. 叶 莲藕叶又称荷叶、藕叶、莲叶等。为盾形或圆形顶生单叶，全缘，中央稍凹陷。顶生于叶柄上，直径一般为30～90厘米。叶正面为绿色或蓝绿色，上有白色蜡粉，密生细毛，不沾水滴。叶背面为淡绿色或灰绿色，光滑无毛。叶背有叶脉19～23条，向叶缘呈放射状排列。叶片中央为叶脐，叶脉汇集于叶脐相接。叶柄内有气孔，与地下茎气孔相通，进行气体交换。荷叶不仅是莲藕进行气体交换的器官，更是进行光合作用制造营养物质的重要器官，不可将叶柄折断，否则雨水等从气孔灌入后容易使地下茎腐烂。

荷叶按其抽生先后种大小、形态的不同，又可分为钱叶（水中叶）、浮叶（漂叶）、立叶（站叶、莛叶）、后把叶（大架叶、后栋叶）和终止叶。种藕上的幼叶，在种藕形成时即已形成，其外有叶鞘保护，栽植以后，幼叶萌芽出鞘，长成小圆盘状的荷叶，叶柄短而细软，不能直立，沉入水中，称为钱叶。种藕顶芽抽生出莲鞭，莲鞭抽生荷叶。最初抽生的叶片较钱叶大，叶柄柔软，不能挺立而浮于水面，称为浮叶。随着植株的生长，再长出的叶片较为高大，叶柄长、粗、硬并带刺，高出水面，站立水中，称为立叶。到了夏、秋季节，立叶渐次形成上升阶梯状叶群，上升到一定高度后，立叶又逐渐变短，形成下降阶梯状叶群。最后出生的一片立叶最高大，其叶柄刺多而把叶锐利，叶面宽阔，称为后把叶。后把叶是开始结藕的标志。后把叶出现之后，在藕节上长出的最后 1 片叶子为卷叶，叶片小而厚，叶色浓绿，叶柄短、细而光滑，称为终止叶。挖藕时，先找到后把叶和终止叶，两者连线所指的方向，便是藕的着生处。

4. 花　莲藕的花，称荷花、莲花等。早熟品种一般少花，中、晚熟品种在发育良好的主鞭上，从抽生第一花的鞭节开始至抽生后把叶的鞭节止，各鞭节可连续开花或间隔数节抽生 1 花。莲藕开花与否及多少，与品种及外界环境有关。种藕粗壮开花多，种藕小、节数少，即使为有花品种，有时也较少开花。天气高温、干旱开花多，水深、土温低开花少。花着生于花梗顶端，花梗与叶柄并生于同一节上，叶柄在前，花梗在后。花常单生，观赏品种有 2 朵并生的，称之为"并蒂莲"。花由花萼、花冠、雄蕊群、雌蕊群、花托及花梗 6 部分组成。花萼位于花的外围，花冠由花瓣组成，花瓣的大小、形状、数量及颜色因品种的不同而有差异，花瓣的颜色有白色、红色、淡红色等。花蕊群环生于花托基部的四周，雄蕊由花丝、花药及附属物 3 部分组成。雌蕊柱头顶生，花柱极短，子房上位，心皮多数散生，分别嵌在大花托内。荷花于清晨开放，下午闭合，开闭 3～4 天后凋谢，花瓣散落，留下倒圆锥形的大花托，即"莲蓬"。

5. 果实　莲蓬的果实统称为"莲蓬"或"聚合果"。莲蓬内呈蜂窝状，一般有小孔 15～30 个，多时达 40 个以上。每孔含一坚果，坚果卵圆形或近圆形，坚果成熟后壳变坚硬，水分空气不易透入。所以，落入水中也不易发芽，能长期保存，故有"千年不烂莲子"之说。坚果支壳后是薄而软的种皮，剥去种皮即为白色的莲肉，莲肉由两片肥厚的子叶组成，中间夹生有绿色的胚芽，即莲心。将莲肉中的莲心剔去，即为通心莲子。

二、生长发育特性

莲藕的生长发育过程，一般可分为萌芽生长期、茎叶生长期和结藕、结实期 3 个时期。

1. 萌芽生长期 萌芽生长期，即从萌芽开始至第一片立叶长出水面为止的时期。莲藕一般用种藕繁殖，也可用莲子等进行繁殖。清明谷雨时，当气温上升至 15℃ 左右时，种藕的顶芽开始萌发，随着气温的升高，抽生莲鞭并长出钱叶、浮叶。小满前后，气温达 18～21℃ 时生根并长出立叶。萌芽生长期，植株所需营养主要依靠种藕储存的养分。立叶发生以后，主要吸收土壤中的营养。

2. 茎叶生长期 茎叶生长期，又称旺盛生长期。这一时期从小满前后立叶发生开始，到大暑、立秋前后出现把叶为止，时间为 2 个多月。植株抽生 1～2 片立叶后，主鞭上开始发生侧鞭，随着茎叶的旺盛生长，分枝逐渐增多。夏至以后，气温达 25～30℃ 时，植株生长最为旺盛，每隔 5～7 天即长出 1 片叶。藕莲一般在小暑到大暑开花，立秋前后开花最盛。此期为植株营养生长的主要时期，既要求植株尽快生长，达到荷叶封行的地步，为结藕积累大量养分奠定基础，又要防止疯长延迟结藕。所以，在管理上要促控结合，进行合理的肥水管理。

3. 结藕、结实期 从后把叶出现至植株完全停止生长，叶片大部枯黄，藕身肥大充实为止，为结藕期。结藕期因品种、栽培方式和环境条件的不同而不同。一般是早熟品种比晚熟品种结藕早，浅水比深水结藕早，南方比北方结藕早。

后把叶出现后，莲鞭先端由先前的水平方向伸长转向斜下方生长，节间增粗，节数增加，开始形成新藕。一般而言，主鞭和一次分枝都能形成新藕，而二次分枝有的能形成新藕，有的则不能形成新藕。早熟品种在小暑前后开始结藕，到立秋以后藕身基本定型，可以采收嫩藕，但要使其充分成熟，则需到秋分前后，地上叶枯黄时。到了寒露、霜降，地上部分完全枯死，藕鞭腐烂，可留新藕于地下越冬。在地下主茎和分枝陆续结藕的同时，地上部也相应陆续开花结果，第一朵花从开花、授粉、受精到莲子成熟，一般需要 30～40 天。

三、莲藕对环境条件的要求

1. 土壤　莲藕对土壤的要求不是很严，在壤土、沙壤土、黏壤土中均能生长，但以富含有机质的腐殖土为最适宜。这是因为富含有机质的土壤不仅可给莲藕的生长提供大量的营养，而且由于其土质较为疏松，地下茎伸展阻力小，膨大快，所以容易获得高产。适宜莲藕生长的 pH 为 6.0～7.5，过酸、过碱的土壤均不利于莲藕的生长。进行莲藕无公害生产时，土壤中重金属含量等均应符合相关要求。

2. 温度　莲藕是喜温植物，春季当气温上升至 15℃左右时开始萌芽生长，气温达 18℃抽生立叶，气温在 20～30℃时生长旺盛，生长最适温度为 25～30℃。气温超过 35℃，营养生长受到影响，气温下降到 15℃以下时植株基本停止生长，地温降到 5℃以下时，藕鞭易受到冻害。结藕初期，要求较高的温度，以利于藕身膨大，后期则要求昼夜间的温差较大，以利于养分的积累和藕身的充实。莲藕的开花、结实、成熟时间，常因气温的不同而不同，一般是日平均气温高，所需时间短，反之则延长。

3. 水　莲藕是水生植物，在其整个生长发育过程中不可缺水。由于莲藕长期生活在水中，使得莲藕器官产生了许多通气组织，保证了植株在水中的呼吸和新陈代谢的需要。不同生态类型的莲藕对水位的适应性不同，有的适应浅水，有的适应深水，有的则深浅水都可适应。同一生态类型在生长发育的不同阶段对水位的适应性也不相同。一般是前期需要浅水，中期需要深水，而进入结藕期后则又需要浅水，直至莲藕休眠越冬只需土壤充分润湿或保持浅水即可。尤其是生长后期水位不宜过深，否则易引起结藕延迟，并使藕身变瘦。汛期要注意及时排涝，不要淹没立叶，否则易造成减产，甚至使植株死亡。

莲藕对水质要求不高，但进行无公害种植时，必须符合无公害莲藕生产的相关要求。

4. 光照　莲藕的生长发育要求有充足的光照。前期光照充足有利于茎叶的生长，后期光照充足有利于开花结实和藕身的充实。莲藕对日照长短要求不是太严，但一般长日照比较有利于营养生长，短日照比较有利于结藕。

5. 养分　莲藕喜大肥，其生长除要求施足基肥外，生长期间还需要分次追肥。基肥应以有机肥为主，磷、钾肥配合，一般不用速效氮肥作基肥，否则会引起徒长。莲藕因品种不同，对肥料的需要也存在一定的差异，以生产藕为主的品种，对氮、磷、钾的需求比例约为 2：1：2，以生产莲子为主的品种对氮、磷、钾的需求比例约为 1.8：1：1。

6. 空气和风　莲藕生长发育要求空气的质量状况良好。空气中的二氧化碳是莲藕光合作用的主要原料。充足的二氧化碳供应，可提高植株光合作用强度，有利于营养物质的积累。空气的流动形成风，通风良好，有利于二氧化碳的供应。风有利于花粉传播，微风吹拂，荷花、荷叶轻轻摇曳，翩翩起舞，增添观赏效果。但莲藕怕大风，大风常会使叶柄和花梗折断，或造成植株倒伏。叶柄折断，荷叶受害，会直接影响植株的光合作用和营养物质的积累；花梗折断，则花朵毁坏，影响授粉受精，减少莲子产量；而且叶柄、花梗折断后，若遇大雨或水位上涨，水能从气孔中进入地下茎内，从而引起地下茎的腐烂。因此，在莲藕生长过程中应做好防强风的工作。

第三节 品种类型与主要新品种

一、品种类型

莲藕品种按用途分为3种类型：藕莲、子莲和花莲。藕莲以采收肥大的根状茎——藕作菜用，其根状茎的大小、形状、皮色、入泥深浅、产量等性状有明显差异。子莲以采收莲子为主要目的，其莲子大小、形状、莲蓬形状、颜色、结实率、心皮数性状有明显差异。花莲以观赏为主要目的，其花型、花色等性状有明显差异。

按对水位的适应性，可将藕莲分为浅水藕莲和深水藕莲，同样也可将子莲分为浅水子莲和深水子莲两种类型。浅水藕莲适应水深一般为5～50厘米，多为早熟品种，也有部分中、晚熟品种。该类品种适于在大田、浅水坑塘、低洼地以及人工修建的硬化池、塑造薄膜池、塑料棚池中栽植，耐水深最深不超过80厘米。深水藕莲适应水深一般为50～80厘米，最深不超过1.2米，多为中、晚熟品种，可在稍深的池塘、湖荡、河湾等水域中种植。目前，国内按对水位的适应性也有将藕莲分为浅水、中水、深水3种生态类型。浅水类型适应水深30厘米以内，中水类型适应水深30～50厘米，深水类型适应水深50厘米以上。

浅水子莲适应水深一般为5～25厘米，最深不超过50厘米，适于一般水田和低洼地栽植。深水子莲一般适应水深20～45厘米，最大耐水深不超过1.5米，适于在池塘、湖荡、河湾中种植。

按成熟的早晚，可将藕莲、子莲分为早熟品种、中熟品种和晚熟品种3种类型。早熟品种类型多适于浅水种植。就藕莲而言，在长江流域，早熟品种类型一般在4月上中旬栽植，7～8月开始收获，中、晚熟品种类型一般在4月中下旬至5月上旬栽植，8～11月收获。

按株形大小，可将莲藕分为大株形品种、中株形品种和小株形品种3种类型。大株形品种类型，一般是叶大、花大，叶柄和花梗也较高，较为粗壮。小株形品种类型主要为一些观赏性品种，如碗莲等。据《中国荷花品种图志》介绍，碗莲是指在口径26厘米以内的花盆内能正常开花的品种，立叶平均高度不超过33厘米，主叶叶片直径平均不超过24厘米，花朵直径平均不超过12厘米。中株形品种类型则介于大、小株形品种类型之间。

二、主要新品种

莲藕是我国最主要的水生蔬菜，2000年以来，我国选育成功并通过（认）审定的莲藕新品种有36个。其中，藕莲新品种有14个、子莲新品种11个、花莲新品种11个。这些新品种中已在我国湖北、江苏、浙江、江西、福建等主要莲藕产区大面积推广应用的有以下几种：

（一）藕莲品种

1. 鄂莲6号 鄂莲6号由湖北省武汉市蔬菜科学研究所用鄂莲4号作母本、8143作父本进行有性杂交，对实生苗后代系统选育而成的莲藕新品种，2016年获农业部国家植物新品种权保护。

品质产量：品质经农业部食品质量监督检验测试中心（武汉）对送样测定，淀粉（干基）含量61.9%，可溶性糖（干基）含量17.2%，粗蛋白（干基）含量11.6%，外观品质较优。2004—2007年在武汉市等地试验、试种，一般亩产2 000～2 500千克。

特征特性：属早中熟莲藕品种。植株生长势较强，株高160～180厘米，叶近圆形，表面光滑，叶片半径36厘米左右，叶柄粗1.9厘米左右，开花较多，花白色，13叶左右开始着藕，生育期 125 天左右，入泥浅。藕节间形状为中短筒形，表皮黄白色，藕头、节间肩部圆钝，节间均匀，主藕 6～7 节，长 90～110 厘米，节间长 14～17 厘米，粗 8 厘米，单支整藕重 3.5～4.0 千克。7 月中旬每亩青荷藕产量 1 500 千克左右，枯荷藕产量 2 000～2 500 千克。

2. 鄂莲 7 号 鄂莲 7 号（又名：珍珠藕）由湖北省武汉市蔬菜科学研究所以鄂莲 5 号为亲本，通过有性自交选育而成。2016 年获农业部国家植物新品种权保护。

品质产量：品质经农业部蔬菜品质量监督检验测试中心（北京）检验，每 100 克鲜样含干物质 20.70 克，粗蛋白 1.97 克，可溶性糖 2.48 克，淀粉 11.86 克。青藕产量每亩平均 1 000 千克，枯藕产量每亩平均 1 900 千克。

特征特性：属早熟品种。植株矮小，株高 110～130 厘米，叶径 70 厘米左右，花白色。主藕 4～6 节，藕节间为短圆筒形，节间长 10～14 厘米，粗 8～10 厘米，节间均匀，藕肉厚实，表皮黄白色，单支整藕重 2.2～2.5 千克。6 月下旬至 7 月上旬亩产青荷藕产量 1 000 千克左右，9 月充分老熟，每亩枯荷藕产量 1 900 千克左右。

3. 鄂莲 8 号 鄂莲 8 号由湖北省武汉市蔬菜科学研究所从应城白莲实生苗后代中选择优良单株选育而成。

品质产量：商品性好，品质经农业部食品质量监督检验测试中心（武汉）测定，每 100 克鲜样含干物质 22.5 克、蛋白质 2.17 克、可溶性糖 2.6 克、淀粉 14.2 克。2008—2011 年在武汉、荆门等地试验，枯荷藕每亩产量 2 200 千克左右。

特征特性：属晚熟莲藕品种。植株高大，株高 180 厘米左右，叶柄较粗，叶近圆形，叶半径 42 厘米左右，表面粗糙，有明显皱褶，开花、结果较多，花白色。藕节间筒形、较均匀，表皮白色，皮孔凸现，藕形指数 1.8 左右，藕肉厚实，粉质，主藕 5～6 节，主节间长 15 厘米，粗 8 厘米左右，单支整藕重 3.7 千克左右，主藕重量 2.5 千克左右。主藕长度 90～110 厘米，藕表皮颜色白色，主藕节间形状筒形。枯藕带粗、白、嫩、脆。

4. 鄂莲 9 号　鄂莲 9 号（又名：巨无霸）由湖北省武汉市蔬菜科学研究所选育。以 8135 - 1 莲藕为亲本自交选育而成。

品质产量：经农业部食品质量监督检验测试中心（武汉）测定，淀粉含量 8.09%，可溶性糖含量 3.11%，蛋白质含量 1.62%，干物质含量 15.24%。2012—2014 年在武汉、孝感等地试验、试种，一般每亩产量枯荷藕 2 500～3 000 千克。

特征特性：早中熟品种，藕粗大。株高 180 厘米左右，叶柄较粗，叶片近圆形、较平展，半径 43 厘米左右，叶面粗糙，开花较多，花白色。藕节间中短筒形，表皮黄白色，节间长 14 厘米左右，粗 8 厘米左右，藕形指数 1.6 左右，主藕 5～7 节，单支整藕重 4～5 千克，主藕重 2.4 千克左右。每亩产枯荷藕 2 500～3 000 千克。

5. 鄂莲 10 号　鄂莲 10 号（又名：赛珍珠）由湖北省武汉市蔬菜科学研究所和武汉蔬博农业科技有限公司用鄂莲 7 号为亲本自交，在子代实生系中选择优良株系育成。

品质产量：品质经农业部食品质量监督检验测试中心（武汉）测定，干物质含量 19.26%，淀粉含量 11.23%，可溶性糖含量 3.72%。2013—2015 年在江夏、新洲等地试验、试种，青荷藕每亩产量 1 000 千克左右，枯荷藕每亩产量 2 000 千克左右。

特征特性：属早熟莲藕品种，株高 130 厘米左右，叶片平展，长半径 38 厘米左右，叶面粗糙。花白色。藕节间中短筒形，表皮黄白色，子藕粗大，枯荷藕主藕一般 5～7 节，主节长 12 厘米左右，粗 8 厘米左右，单支整藕重 3 千克左右，主藕长 85 厘米左右，主藕重 2 千克左右。

6. 东荷早藕 东荷早藕由浙江省义乌市东河田藕专业合作社、浙江省金华市农业科学研究院、义乌市种植业管理站、义乌市种子管理站等单位从金华白莲的优良株系中经过系统选育而成。

品质产量：2006 年经多点品种比较试验，东河早藕春藕和夏藕每亩产量分别为 1 285 千克和 2 155 千克，分别比对照金华白莲增产 6.7％和 19.2％；2007 年春藕和夏藕平均每亩产量分别为 1 336 千克和 2 174 千克，分别比对照金华白莲增产 12.2％和 17.8％；两年平均春藕和夏藕每亩产量分别为 1 311 千克和 2 165 千克，分别比对照增产 8.6％和 18.5％。

特征特性：早熟品种，春藕和夏藕的生育期分别为 76 天和 75 天，分别比对照缩短 28 天和 5 天。植株较矮，株形紧凑。顶芽尖，玉黄色。浮叶近圆形、黄绿色，完全叶近圆形、绿色；花少，白爪红色，单瓣、阔椭圆形，花瓣数 16～18 片。春藕后栋叶长约 66 厘米，主藕长，子藕少，主藕长约 51 厘米，平均节间数 2.3 个，节间长筒形，长和横径分别为 20 厘米和 6.7 厘米左右，淡黄色，表皮光滑，肉质甜脆，适宜炒食或生食。夏藕后栋叶长约 69 厘米，子藕 1～2 支，主藕长 62 厘米左右，平均节间数约 3.3 个，节间长筒形，长和横径分别为 18 厘米和 7.5 厘米左右，淡黄色，品质一般，适宜炒食或煨汤。

7. 南蔬早藕 1 号 南蔬早藕 1 号由广西南宁市蔬菜研究所 2005 年从南宁安吉基地种植的早藕田中发现优良单株，经 8 年培育而成。

产量表现：2009—2012 年在南宁市安吉、马山、大化等地生产试种，每亩产量为 3 106.2～4 665.2 千克，平均每亩产量 3 828.1 千克。

特征特性：株形较紧凑，植株高大，生长势强，株高在 250 厘米以上，最大叶长可达 75 厘米以上，叶宽可达 40 厘米。叶面为绿色，叶缘和叶鞘均为紫红色，芽深紫红色，花红色。其显著特征是植株开花时间长，最早植株开花时间始于7月下旬，最迟开花时间可至11月以后。

（二）子莲品种

1. 建选 17 号　建选 17 号由福建省建宁县莲子科学研究所从红花建莲和寸三莲 65 杂交，后代再和太空莲 2 号杂交选育而成。

品质产量：品质经福建省食品质量监督检验站测定，含淀粉 43％，粗脂肪 2.1％，粗蛋白 19.3％，粗纤维 3.7％，粗灰分 3.4％，总糖 9.7％，氨基酸总量 16.62％。建宁县 2001 年多点试验，每亩干通心莲平均产量 68 千克，比对照花排莲增产 41.7％。2002 年续试，平均单产 65 千克，比对照花排莲增产 32.6％。

特征特性：全生育期 205 天左右，有效花期约 105 天，比建莲长 15 天左右，莲子采摘期约 112 天。茎秆粗壮，株高 75～145 厘米，叶面径 45～75 厘米，叶色深绿，成熟叶背淡青色。花蕾长卵形，花色白爪红（瓣尖淡红，瓣中基部白色），叶上花，花径 25～29 厘米，花单瓣，花瓣 18～22 枚，花瓣长椭圆形，雄蕊 300 枚以上。花托漏斗形，莲蓬扁圆形，蓬面平，蓬面径 11～16 厘米，心皮数较多，平均约 25 枚，结实率 72％～85％，莲子卵圆形，通心白莲粒大圆润，色泽洁白，百粒干重约 103 克。经三明市植保站田间调查，该品种莲腐败病、叶斑病发生危害程度均明显低于花排莲。

2. 十里荷 1 号　十里荷 1 号由浙江省建德市里叶十里荷莲子开发中心、建德市农业技术推广中心粮油生产站、建德市里叶白莲开发公司、浙江省农业科学院植物保护与微生物研究所、浙江省武义县科技局等单位从太空莲 36 号的变异株中筛选，经多年定向选育而成。

品质产量：经农业部农产品质量监督检验测试中心（杭

州）检测，含淀粉 52.2％，粗脂肪 1.93％，粗蛋白 19.4％，碳水化合物 65.49％。2002—2006 年在建德、武义、龙游多点试验，十里荷 1 号干通心莲平均每亩产量 99.9 千克。

特征特性：十里荷 1 号植株长势旺，花期长达 102 天以上，从现蕾到开花的时间为 10～12 天，花蕾长卵形，莲蓬呈扁平状，直径 10～15 厘米、厚（高）5～8 厘米，单朵花开放持续时间 3～4 天，谢花后果实成熟（采摘）为 12～18 天，花瓣数 15 片左右，花为粉红色。平均每蓬实粒数为 19.8 粒，百粒重 100.5 克，结子率 90％。熟期早，6 月底 7 月初就开始采收莲蓬。植株较矮，平均荷梗高 1.48 米，平均荷叶直径 0.63米，耐肥抗风力强，属典型的高产子莲。莲子颗粒中等，每500 克莲子约 485 粒。地下茎（藕鞭）节数 35 个左右，最多可达 100 个，而且每个节上长一立叶开一朵花，花蕾的高度比荷叶高。节上发根性较强，有须根数百条，地下茎和须根生长前期均为白色，后逐步转为褐色。

3. 金芙蓉 1 号　金芙蓉 1 号由金华市农业科学研究院、武义县柳城畲族镇农业综合服务站、金华水生蔬菜产业科技创新服务中心、金华陆丰农业开发有限公司等单位从湘芙蓉×太空莲 3 号后代优良株系中选育而成。

品质产量：品质较优，干籽粗蛋白 3.66％，粗纤维0.57％，粗灰分 0.92％，总糖 3.71％。2006—2008 年多点品种比较试验，平均亩产干通心莲 83.6 千克，比对照太空莲 3号平均增产 12.6％。

特征特性：该品种田间生长整齐一致、抗倒性较好、较早熟、品质佳、产量高。立叶抽生较早，高约 112 厘米，平均叶片长和宽分别为 65 厘米和 55 厘米左右，主茎总叶数约22.6 叶。叶上花，花茎平均比立叶高 15～35 厘米。定植后 60天左右始花，花蕾暗红色、花朵玫瑰红色、碗状、重瓣，外层花瓣 15～18 瓣，内层花瓣平均 56.3 瓣，花朵直径 18～22 厘米，单朵花持续开放 3～4 天。每亩产莲蓬数平均约 5 300 个，每个莲蓬籽粒平均 21.6 个，平均结实率 83.7％。成熟莲子呈短圆柱形，纵径约 2.3 厘米、横径约 1.9 厘米，鲜籽百粒重约 320 克，鲜食甜脆，品质好。通心干籽百粒重平均 94.5 克，烘干率 26.2％，莲子肉乳白色微黄，光泽度好。种藕较细，一般 2～3 节，顶芽淡黄色，藕段长约 16.7 厘米，横切面粗约 4.1 厘米。

4. 太空莲 36 号　太空莲 36 号由江西省广昌县白莲科学研究所选育，以赣莲 86-5-3 种子为材料，经航天搭载空间诱变选育而成。

品质产量：品质好，一般每亩产干通心莲 90～100 千克，高产田块可达 120 千克。

特征特性：早熟，株高 100～120 厘米，叶片半径 20 厘米左右，表面光滑。叶上花，花单瓣，红色，每亩开花量 7 000 朵左右。莲蓬蓬面平或稍凸，每蓬实粒数 13～20 粒。莲子椭圆形，结实率 85％～90％，干通心莲千粒重 1 050 克。移栽期 4 月上旬，5 月中下旬始花，终花期 9 月中旬，采摘期 115～125 天，每亩产干通心莲 95～120 千克。品质优，宜田栽或湖塘栽。

5. 建选 35 号　建选 35 号由福建省建宁县莲子科学研究所通过红花建莲和太空莲 20 号杂交，后代再和红花建莲杂交选育而成。

品质产量：经农业部食品质量监督检验测试中心（福州）检测，每 100 克干样含淀粉 53.0 克，粗蛋白 18.5 克，总糖 6.4 克，食用口感好，品质优。该品种经建宁、政和、建阳等县（市）多年多点试验试种，一般每亩产干通心莲 75 千克，比当地主栽品种建选 17 号增产 5％以上。

特征特性：在建宁县种植，萌芽期 3 月中旬，现蕾期 5 月中旬，始花期 5 月底至 6 月上旬，盛花期 7～8 月，终花期 9

月下旬，采摘期 6 月底至 10 月底，结藕期 9 月上旬至 10 月上旬。立叶叶片大，叶秆粗壮，花柄高且粗壮，叶上花，花蕾卵形、红色，花瓣阔卵形，14～18 枚，花色深红，花托倒圆锥形，边缘平。成熟莲蓬扁圆形，蓬面平略凸出，直径 12～16.5 厘米。平均每亩有效蓬数 3 800 蓬，每蓬心皮数 28 枚，结实率 75％，百粒鲜重 420 克。干通芯白莲籽粒大，卵圆形，饱满圆整，乳白色微黄，光泽度好，百籽干重 110 克。经建宁县农业植保植检站田间病害调查，莲腐败病总体发生危害程度比对照建选 17 号轻，莲叶斑病总体发生危害程度比对照建选 17 号略重，未发现其他病害发生。

6. 寸三莲 1 号　寸三莲 1 号由湖南省湘潭县农业技术推广中心和湖南省蔬菜研究所以寸三莲为材料，通过其无性系变异株多代单藕定向选育而成。

品质产量：抽样检测，每 100 克干莲中含淀粉 59.66 克，粗蛋白 23.78 克，纤维素 3.42 克。2013 年、2014 年多点试验平均每亩产干通心莲 145.3 千克和 160.8 千克。

特征特性：该品种属中熟子莲品种。立叶高 140 厘米左右，荷叶开展度 48 厘米×53 厘米，生长势较旺，叶色绿。第一立叶着生第一朵花，花粉红色。单个莲蓬总粒数 28 粒左右，实际有效籽粒 26 粒左右，籽粒椭球形，籽粒长 16.2 毫米左右，宽 12.0 毫米左右，青熟籽粒为浅绿色，老熟籽粒表面乌黑光亮，整齐标准，百粒重 148.5 克左右。抗腐败病能力强，耐热、耐旱。莲子皮薄，粉质细香，色白，风味好，品质佳。莲子可鲜食或制成白莲后加工。

（三）花莲品种

1. 苏绣花莲　苏绣花莲由江苏省太湖地区农业科学研究所以荷花太空红旗×荷花太湖红莲杂交而成。

特征特性：株高 50～67 厘米，叶径 31～35 厘米，立叶高约 46 厘米，碗形花，花红紫色，基部淡黄色，重瓣，花瓣

74～80 枚，花径 18～22 厘米，坚果椭圆形，种子卵形，花期 6～9 月。每亩产花 10 000～12 000 朵。

2. 锦衣卫花莲 锦衣卫花莲由江苏省太湖地区农业科学研究所和南京艺莲苑花卉有限公司以南京艺莲苑育成的观赏荷花杏黄为母本、太湖流域野生荷花太湖红莲为父本，经人工杂交选育而成。

特征特性：属中小株形，单瓣黄色系荷花品种。植于直径 40～50 厘米、高度 35～45 厘米容器中，株高 37～49 厘米，叶径（16～20）厘米×（27～32）厘米，立叶高 21～34 厘米。在江苏地区种植，6 月上旬始花，花色黄绿色，少瓣，花瓣 11～13 枚，花径 16～18 厘米，花柄高 42 厘米，花明显高于叶，花态初开时为杯状，盛开时呈飞舞状。单盆花量 14～16 朵，单花寿命 3～4 天，群体花期 70～80 天。心皮数 12～14 枚，坚果椭圆形，种子卵形，百粒重 137 克，种藕平均周径 3.5 厘米，繁殖系数为 6.1，地下径筒状，每亩产花 12 000～15 000 朵。

3. 广陵仙子花莲 广陵仙子花莲由江苏里下河地区农业科学研究所于 2005 年以观赏荷花豆蔻年×红灯笼杂交而成。

特征特性：属丰花重瓣观赏荷花品种。中等株形，立叶高 18～45 厘米，叶径 14～23 厘米。花柄长 37～49 厘米，花碗状，花色粉红，花径 11～13.5 厘米，重瓣，花瓣数 91～102 枚，心皮数 7～11 枚，莲蓬漏斗形，不结实。6 月 15 日始花，单朵花期 3～4 天，群体花期 62 天。着花繁密，单缸开 22 朵。极耐高温，对褐纹病、斑枯病有较强的抗性。

4. 艾江南花莲 艾江南花莲由江苏省中国科学院植物研究所、南京农业大学、南京市浦口区林业站、南京艺莲苑花卉有限公司于 2003 年将荷花美洲黄莲种子进行辐射育种，于 2013 年选育而成。

特征特性：属半重瓣型荷花品种。中小株形，立叶高 29

厘米左右，叶径 19 厘米×17 厘米，花柄高 31 厘米左右。花
蕾长桃形，复色。花为半重瓣型，花态碗状，花瓣数 22 枚，
花径 18 厘米，最大瓣径长 10.6 厘米、宽 5 厘米。花色为复
色，基部深黄色，瓣中黄色，瓣尖红紫色，部分雄蕊变瓣上部
有黄绿色斑块。雄蕊多，附属物大，黄色。雌蕊心皮数 10～
15 枚，能结实。花托杯形，黄绿色，地下茎筒状。6 月中旬始
花，群体花期约为 39 天，着花较密，单盆开 6 朵左右。生长
势强健，抗性好。

5. 秣陵秋色花莲　秣陵秋色花莲由江苏省中国科学院植
物研究所、南京农业大学、南京市浦口区林业站、南京艺莲苑
花卉有限公司于 2003 年以荷花杏黄×友谊牡丹莲杂交选育，
于 2013 年育成。

特征特性：属重瓣型荷花品种。中小株形，立叶高 34 厘
米，叶径 51 厘米×40 厘米，花柄高 57 厘米。花蕾长桃形，
尖端微绿色。花为重瓣型，花态飞舞状，花瓣 77～88 枚。花
径 15～19 厘米，最大瓣径长 7 厘米、宽 3 厘米。花黄色，基
部黄橙色，雄蕊变瓣尖端边缘淡绿色。雄蕊少，附属物大，黄
色。雌蕊心皮数 4～15 枚，部分泡状，能结实但结实率极低。
花托斗形，绿色，地下茎筒状。花期早，6 月初始花，群体花
期长，约 63 天。着花密，每平方米着花 25～30 朵。生长势
好，抗性较强。

6. 首领花莲　首领花莲是南京农业大学园艺学院和南京
艺莲苑花卉有限公司于 2013 年翻盆分栽钗头凤后发现优良芽
变，其花形独特，内轮被片倒披针形，似菊花花瓣，开放时犹
如花中首领，故命名为首领。其花色较钗头凤更加鲜艳靓丽，
内轮花瓣数量增多且细长，花瓣形状更加独特，整体株形更
小。2014 年通过种藕繁殖区试后，综合表现良好，2016 年 12
月通过莲属植物国际品种登录。

特征特性：属中小株形，重台复色系荷花品种。植于面积

1 平方米、深 50 厘米的水池中，立叶高 20～30 厘米，叶径
（13.5～26.5）厘米×（11～20）厘米。立叶近圆形，叶片表
面光滑，叶姿凹形，叶柄被刺少。在江苏地区种植，6 月上旬
始花，群植景观区花期为 6 月下旬至 8 月下旬。花蕾为红色，
球形或卵球形。花朵为复色系，花瓣外被 18～22 枚，倒披针
形，长 7.8～8.4 厘米，宽 2.0～3.6 厘米，内被 122～140 枚，
倒披针形，长 6.3～7.1 厘米，宽 1.0～1.2 厘米。花瓣背脉不
明显，花冠直径 15.0～17.5 厘米，花高近等于叶面。雄蕊
10～14 枚，部分瓣花花丝、花药为黄色，附属物为白色，雌
蕊部分泡化。心皮数 6～10 枚，近成熟花托为倒圆锥形，顶面
凸起，边缘全缘或近全缘，不结实。每平方米花量 7～13 朵，
单花寿命 3～4 天，群体花期 75～80 天。根状茎膨大不明显，
短筒形。

第四节 标准化栽培技术

一、莲藕种苗繁育技术

莲藕种苗繁育分藕莲无性繁殖、微型藕繁殖技术、子莲有
性繁殖、花莲有性繁殖和莲藕组织快繁技术。

（一）藕莲无性繁殖

无性繁殖又称营养繁殖，它是由地下茎发育成植株并产生
新藕的繁殖方法，藕莲、子莲和花莲生产上多采用无性繁殖。
藕莲的无性繁殖包括整藕繁殖、主藕繁殖、子藕繁殖、藕头繁
殖、顶芽繁殖、莲鞭扦插等方法。

1. 整藕繁殖 把整株的藕按一定的株行距栽植在土壤中
发育成植株并产生新藕的繁殖方式，称为整藕繁殖。它是生产
上最为常用的繁殖方式。一般每亩用种量 250 千克左右，用整
藕作种，藕身营养物质多，藕芽多，生长快，质量好，藕的产
量也高。但这种繁殖方式存在着用种量较大、成本较高、运输

不方便等缺点，繁殖系数仅为1：10。具体方法：按一定株行距排列（因品种而异），在每一位置上先挖一穴将所有的顶芽都斜埋入泥中，尾梢向上露出泥面。

2. 主藕繁殖　整藕去掉子藕、孙藕后的藕身栽植在土壤中发育成植株并产生新藕的繁殖方式，称为主藕繁殖。主藕繁殖藕身供应营养充足，顶芽生长快，产量高。但由于其芽头少，所以在保证一定芽头数量的田内栽植，其用种量比用整藕繁殖的用种量还要高，一般每亩用种量300千克左右，相应地，成本也是最高的。

3. 子藕繁殖　将子藕从整藕上取下来单独作种栽植在土壤中发育成植株并产生新藕的繁殖方式，称为子藕繁殖。用子藕繁殖用种量较用整藕、主藕的用种量为少，一般每亩用种量75千克左右，成本也相应降低，只要栽培管理措施等跟得上，产量并不比用整藕作种的产量低。用子藕作种，可于秋末收获商品藕时将子藕从整藕上取下来，选择无伤无病者摆于20厘米的淤泥中假植。冬季不断水，并在泥土表面加铺1层地膜，以使其安全越冬。开春后，当气温上升到15℃以上时挖出定植。

4. 藕头繁殖　将主藕、子藕、孙藕最前面的带芽的一节取下，栽植于土壤中发育成植株并产生新藕的繁殖方式，称为藕头繁殖。用藕头作种藕用种量很少，一般每亩用种量50千克左右，栽培效果也可以。但剩下的藕不容易保存，应及时出售。

5. 顶芽繁殖　将主藕、子藕、孙藕的顶芽从基部切下，假植育苗栽植田中进行繁殖的方式，称为顶芽繁殖。它是利用顶芽内分生组织的活力分化新一级器官，形成新的植株体，而达到繁殖的目的。

顶芽繁殖具有如下优势：①后代性状较为稳定。能够保持本品种的特征，不像用种子繁殖那样容易发生变异。②可有效防止菌类病害。据研究，莲藕的有些病菌可寄生在维管束中，它可随种藕而传播，而顶芽在生长过程中由于它的维管束发育不完全，所以一般病菌不能传播，故较少发生菌类的一些病害。③成本较低。用顶芽繁殖，由于顶芽基部切得较少，所以剩下的藕损害较轻，基本上不影响其商品性。用此法繁殖用种量最少，一般每亩用种量5千克左右，成本也是最低的，而且产量较稳，与用种藕作种苗的田块相差不大，具有节约藕种、扩大繁殖系数等优点。因此，用顶芽繁殖是莲藕繁殖的一个较为经济有效的方法。

顶芽繁殖必须先进行育苗，再定植大田，育苗方法如下：①苗床准备。苗床地要选择向阳避风，利于排水、灌溉的田块。播种前，每亩施腐熟的农家肥2 000～3 000千克，以利于田块保温促苗。②搭建小拱棚。用竹片搭建小拱棚，棚的跨度1.2～1.5米，拱顶高40～50厘米。棚膜用塑料薄膜或无滴水薄膜，棚上可用尼龙绳加固。建棚的原则是能保温、好操作、易管理。③切顶芽。选择好具有健壮芽的种藕后，在有芽点的藕种上距芽点2厘米处切下切口，用配好的消毒液处理伤口，放在阴凉通风处晾干药液等待种植。消毒液的配制可用50%多菌灵粉或70%甲基托布津可湿性粉剂兑水800倍。④播种。在当地气温稳定在10℃以上就可播种，一般时间是在2月中旬至3月上旬，株行距为5厘米×10厘米。⑤苗期管理。前期由于温度低生长缓慢，气温低于15℃以下要覆膜保温，到中后期温度逐渐升高，气温高于25℃要注意揭膜透气，防止叶片被薄膜高温烫伤。高温高湿病害极易发生，尽早防治，不能让病害继续蔓延。⑥定植。幼苗长到3叶1鞭可定植大田，在定植出苗前，给苗床喷一次防病药液，可用50%多菌灵粉1千克拌细土撒施或喷施70%甲基托布津1 000倍液。定植时间应根据各地气候条件，要求日平均气温在15℃以上，株行距为0.5米×1.0米，每穴种植2苗以保证全苗。

6. 莲鞭扦插　将新栽藕田的带叶侧枝（具 2 片直径 2 厘米左右的展开立叶和 2 条侧枝）另田扦插，促使茎节生根，形成新株。这种繁殖方法常用于补苗或迟插田，结合藕田转梢进行。具体方法：从藕田中取走茎，取其先端长约 70 厘米的一段（要有一个完整的顶芽和须根、1 片卷叶和 1 片立叶），将走茎全部埋入泥土，深 15 厘米左右，叶片露出水面，每平方米 1 株左右。为防止高温和阳光直射，最好在阴天进行，并随挖随栽，栽后 10 天左右即可长出新茎叶。

（二）微型藕繁殖技术

莲藕是我国最主要的水生蔬菜，但生产上存在传统种藕繁殖系数低、种藕易带病菌、用种量大、运输困难、品种退化现象严重等难题，制约了莲藕产业的发展和新品种的推广应用，莲藕微型种苗是解决上述生产技术难题的有效途径之一。微型藕具有繁殖速度快、体积小、重量轻、便于运输、栽培简便等优点，适于我国莲藕产区应用。主要栽培技术要点如下：

1. 土壤与设施准备　要求水源充足，地势平坦，无莲藕腐败病和食根金花虫等病虫害发生。在微型藕培养容器摆放前 7～10 天，清除田间残茬和杂草，整平。容器直径宜 30 厘米、深宜 12～15 厘米，填泥土深宜 9～12 厘米。宜将容器与泥面齐平摆放，每四行留一行操作行，操作行宽 50～80 厘米。

2. 定植　露地应在日平均气温稳定在 15℃以上时定植，3 月下旬至 5 月下旬定植，每个容器定植 1 支试管藕，定植深度 2～3 厘米。

3. 水位管理　立叶长出前，水深宜 3 厘米左右；立叶长出后，水位可逐渐加深，但不宜超过 10 厘米；越冬期间，水深宜 10 厘米以上。

4. 追肥　宜在 2～3 片立叶时进行第一次追肥，每亩施复合肥 25 千克或尿素 15 千克；5～6 片立叶时，每亩施尿素 15 千克和硫酸钾 10 千克。

5. 病虫害防治　重点防治莲藕腐败病、斜纹夜蛾、莲缢管蚜、蓟马等。

6. 采收　宜在第二年 3 月下旬至 4 月上旬采收微型藕，采后洗除藕体上的泥土，去除残留根须、叶柄等，切除过长的梢段。

7. 防杂、去杂　应在全生育期随时注意清杂株。生长期根据花色、叶形、叶色等性状，将与所繁品种有异的植株挖除；枯荷期挖除田块内仍保持绿色的个别植株；种藕采收时，将藕皮色、藕头和藕节间形状等与所繁品种有异的藕支剔除。

8. 包装储运　微型藕采挖后，应在 5 天内包装。包装前，宜用 50％多菌灵可湿性粉剂 600 倍液浸泡 1 分钟后，沥干。不同品种、不同批次的微型藕应分开包装。包装材料应防潮、透气、防挤压。同一包装箱内的数量以支数计，误差不得超过 2％。储藏和运输过程中，应防冻、防晒、防鼠、防雨淋、防挤压，通风良好。

9. 质量要求　品种纯度不低于 99％；单支质量宜 0.2～0.5 千克；单支顶芽数量不少于 1 个、完整节间数量不少于 3 个；无明显机械伤，顶芽完好；无病虫危害；新鲜无萎蔫；萌芽率不低于 90％。

（三）子莲有性繁殖

有性繁殖又称种子繁殖，它是由莲子发育生长成实生苗的一种繁殖方法。此种繁殖方法主要用于莲藕的杂交育种和提纯复壮。由莲子发育成的植株，一般当年较小，产量较低，主要为翌年提供良种，并在清明前后栽植于大田中。

1. 有性繁殖的优点　莲子不易发芽，主要是在种子坚硬的表皮中有一栅栏层，这种组织起着防止水分和空气渗入和散失作用。同时，莲子内有一小气室，储有微量气体，有助于其缓慢呼吸，使之长期维持莲子的生命。因此，种子发芽可采用人工方法，可促使水分和空气进入种子内部，促进胚的活动，催醒种子发芽。有性繁殖栽培具有如下优点：①减少大田用种。由种藕改为莲子，节省用种投资。②杜绝病害侵染。莲子不带病菌，如室内催芽或苗床育苗时发病，也较易防治，可防止移栽时带入大田。③便于提纯复壮，培育新的藕种。莲子育苗繁殖快，可通过异花授粉进行杂交，定向培育出新品种，可克服远距离调种运输的困难。④省去留种越冬环节，把留种田节省下来可多种一季冬季作物，并能防止因越冬管理不善造成种藕霉烂。⑤减少投工。莲子育苗苗子小，好运、好栽、好扯草追肥，每亩可减少用工 10 多个。

2. 子莲有性繁殖的栽培管理方法

（1）破壳催芽，培育壮苗。莲子与其他作物种子不同，它的特点是胚珠倒生，胚芽朝下，顶端有突起的柱头缩状物，一侧有一突起的种孔。莲子发芽先要夹破种皮。破壳时，首先要认准莲子顶端和基部，用老虎钳将种壳夹破，或浸种 3 天后用剪刀剪破种子基部 2～3 毫米种皮，但切不可破伤胚乳，以免影响种子发芽。将破壳的种子用 50℃温水浸泡，每天换水 1～2 次，水的深度以淹没种子为宜。室内需有保温措施，在 25℃左右适宜温度条件下，经 3～10 天即可发芽，室内育苗一般经 25～30 天育成。一般在 3 月中、下旬进行。当 4 月中旬气温达 12℃以上时，可把种苗移至苗床上，如气温不稳定，可以搭弓棚盖膜保温。当 5 月初气温稳定升高后，移栽定植。

（2）施足底肥，精整大田。有性繁殖的莲藕前期生长缓慢，整地时必须施足底肥。底肥一般以农家肥为主，翻耕时每亩施腐熟的农家肥 2 000～3 000 千克。为解决苗期肥料供应，整田时每亩施碳铵 40～50 千克、磷肥 30～40 千克。整田要求肥足、泥融、草净，为莲藕高产创造良好的条件。

（3）合理密植，适时移栽。有性繁殖的藕苗是通过人工在室内和苗床上培育出来的。当大气温度稳定在 12℃以上时，选择根白、苗壮、叶色青秀的实生苗移栽，移栽适宜时间为 5

月初。过早温度偏低，生长缓慢；过迟发育推迟，影响上市。栽植行距 1.7～2.3 米，株距 1～1.3 米，每亩栽 300～350 株。移栽时，莲根埋入泥内，叶片露出水面，以利于接受阳光。排藕的方式有很多，有朝一个方向的，也有几行排列相对的。各株间以梅花形对空排列较好，这样可以使莲鞭分布均匀，避免拥挤。对田边四周的藕苗，要求莲鞭一律向内，以免走茎伸出埂外。

（4）科学管理，促进早发。早管促早发，是有性繁殖莲藕夺取高产的关键措施，要具体抓好：①耘草活泥，摘叶透光。从移栽到荷叶封行前，是杂草最易生长的时期。扯去杂草埋入泥内，既可作肥料，又减少土壤养分的损耗。用手活泥，可增温通气，促进莲鞭生长。第一次耘草在移栽后 20 天左右进行；第二次在浮叶渐萎、立叶长出时进行，摘去浮叶，使阳光透入水中，以提高泥温。耘草时，应在卷叶两侧进行。当荷叶已经封行、地下早藕开始形成时，不宜下田耘草，以防止碰伤藕身。②追肥提苗，促进早发。莲藕是需肥较多的作物，肥料一般以基肥为主，约占全生育期施肥量的 70%，追肥约占 30%。追肥结合耘草在晴天无风时进行，第一次叫跑苦肥，在栽后 20 天左右，每亩施碳铵 25 千克；第二次叫催藕肥，在栽后 45～50 天每亩施尿素 13～15 千克。追肥应放浅水，让肥料渗入泥中，然后再灌至原来水位。③科学管水，促进高产。莲藕在定植后到立叶出现前宜保持浅水，以利于提高泥温，促进发芽长根。随着立叶及分枝的旺盛生长，水层逐渐加至 12～15 厘米深，坐藕到采收前一个月再放浅水，促进结藕。④调整莲鞭，合理用地。立夏至立秋期间，是莲藕的旺盛生长期。当卷叶离田边 0.5～1.0 米时，为防止藕梢穿越田埂和避免藕梢拥挤，可随时拨转方向，让其分布均匀。莲鞭很嫩，拨梢时要注意将后把节一起托起，转梢后再将泥土盖好。转梢最好在晴天中午茎叶柔嫩时进行，以免折断藕梢。⑤防治病虫，确保丰收。有性繁殖的莲藕一般不易发病，如发现病叶，可在病株周围撒石灰。苗期虫害主要是蚜虫和斜纹夜蛾，蚜虫可选用阿克泰、吡虫啉、辟蚜雾等药剂喷雾防治。斜纹夜蛾可用灯光诱杀成虫或阿维菌素防治。

（5）采摘莲子，计划收藕。莲子成熟之日，也是新藕采收之时。采收新藕可结合采摘莲子。当基部立叶叶缘开始枯黄，终止叶叶背微呈红色，莲藕已经成熟，可以根据市场需求有计划地开始采藕。为了消除藕上锈斑，可在采收前一周摘除荷叶，使藕上的锈斑还原脱锈，有利于洗藕，提高藕的品质。

（四）花莲有性繁殖技术

花莲种子繁殖必须选择老熟的莲子，半熟的莲子胚芽还未发育完全，发芽率差。花莲种子繁殖要顺利及时进行，必须进行莲子的外壳破口处理，使水分渗进莲子内部，从而使莲子吸水发芽。试验结果表明，在莲子外壳任何部位破口，都能使种子发芽，但以不要过分伤害莲子内部结构或胚乳为前提。实践操作中，以破开莲子两头为好，尤以凹头为最佳。通常使用刀或钳将莲子凹头坚壳削开或破开，但在实践中莲子外壳非常硬，用刀很难削开，用钳子又易破坏莲子内部结构。经反复操作试验，将莲子在电动砂轮机上磨去坚硬的外壳，速度又快而又不易破坏莲子。花莲种子繁殖能否生长良好并及时开花，与播种期有较大关系。试验结果表明，在江苏扬州地区5月上旬至6月上旬是花莲种子繁殖的最佳时间。该时期播种莲子，植株能正常生长，开花率较高，同时每盆开花数量也较多，符合观赏的要求。

（五）莲藕组织快繁技术

作为水生蔬菜的莲藕，其繁殖系数较低（1∶10）用种量大，且冬季只能在田间保存，占用大量土地，长途调运运输时成本较高。通过试管苗快速繁殖，不仅可以大大提高繁殖系数，而且可以节省用于留种的大量土地。该方法可用于繁殖无毒苗，具有长途运输方便、藕种不受损坏优势。

1. 茎尖的切取和分化 切取健康莲藕的顶芽，清洗干净后再在自来水中冲洗 30 分钟，然后在超净台上先用 70％乙醇浸泡 30 秒，再用 0.1％氯化汞浸泡 5 分钟，无菌水冲洗 4～5 次，用解剖刀剥去外层叶鞘，切取约 0.5 厘米长的茎尖接种于培养基中。芽分化培养基配方：MS＋6－BA（6－苄基氨基嘌呤）1.0～2.0 毫克/升＋NAA（萘乙酸）0.2 毫克/升＋3.0％蔗糖＋0.6％琼脂，pH 5.8，1 个月以后可长成具有 4 节 7～10 个芽的丛生芽。

2. 快速繁殖 将丛芽切单芽或带 1 个腋芽的茎段，转到增殖培养基中。增殖培养基配方：MS＋6－BA 0.5～1.0 毫克/升＋IBA（吲哚乙酸）0.2 毫克/升＋3.0％蔗糖＋0.6％琼脂，pH5.8，3 周后，每个芽又可分化出 6～7 个丛生芽。这样每3～4 周可继代 1 次，可源源不断地获得丛生芽。

3. 生根及移栽 将外植体切成具有 2～3 节的小段，接种到生根培养基中。生根培养剂配方：MS＋IBA 0.5～1.0 毫克/升＋AC（活性炭）1 500 毫克/升＋5.0％蔗糖＋0.6％琼脂，pH 5.8，诱导生根 7 天后陆续长根，3 周后每株可生长出20～30 条须根。移栽前，敞瓶炼苗 3～4 天。取出洗净后，栽至装有珍珠岩的塑料盒中，加移栽用营养液。移栽用营养液配方：1/4MS，盒上盖薄膜保湿，4 天后昼覆夜敞，2 周后可除薄膜。在白天光照过强时，可用遮阳网遮阳，傍晚打开。3 周后试管苗长出新根，再将其移到土中。为确保移栽成活率，注意前期田间水位不要太深。要在自然条件下形成稳定的无性繁殖新一代，当年必须形成能安全越冬的新藕。研究表明，培养苗在6～7 月移栽，其成藕能力最强，形成的新藕相对最为整齐；而在 8 月移栽，则生育期短，积温不够，成藕能力最差，形成的新藕较小，质量较差。

二、莲藕的定植与管理

(一)藕莲的定植与管理

藕莲的栽培分浅水藕和深水藕栽培。浅水藕指在水深10～30厘米的水田或低洼田栽培的莲藕。深水藕指在水深30～100厘米的湖荡、河湾和池塘等水面栽培的莲藕，面积较少。大田栽植通常是指浅水藕，栽培管理介绍如下：

1. 选择合适的藕田 宜选择水源充足、排灌方便、有犁底层并保水保肥力强的黏壤土或壤土的田块。种植田地不应当超过3年，若超过3年时间，会导致莲藕出现严重的腐败现象，降低产量，适当进行水旱轮作。

2. 整地与施肥 定植前7～10天深耕土壤，结合深耕每亩施腐熟农家肥1 000千克左右。定植前2～3天结合耙田，每亩施三元复合肥（N：P_2O_5：K_2O＝15：15：15）50千克，加施硼砂1千克、硫酸锌1.5千克、生石灰50千克左右。之后，需要将土壤耙细耙平，使土壤达到深软、泥烂和地平等。

3. 适时栽植 在春季气温上升到15℃以上、10厘米深处地温达12℃以上时开始栽植。长江中下游地区以3月下旬至4月上旬定植为宜。定植密度平均株行距1.3米×1.3米，每穴排放主藕1支或子藕2支。早熟品种比中晚熟品种稍密。每亩藕种用量为300～400千克。另外，由于是浅水种植，所以在具体种植过程中还应当让种植莲藕的田间浅水深度保持在3～5厘米，按照最初所选定的行距、株距以及走向等，将种藕先在田面上进行分布，栽种的深度为10～15厘米。种植时，需要根据种藕的形状用手扒沟栽入，做到不漂浮。经常采用的栽植方式为斜植，即藕头需要入更深的泥，藕尾则需要微微翘出泥面，倾斜角度为20°～30°。

4. 田间管理

（1）调节水位。水层管理以"前浅、中深、后浅"为原则。移栽期至幼苗期保持浅水5～10厘米；盛苗期至封行期随着植株生长水层逐渐加深至15～20厘米；后期结藕膨大期水层逐渐降低至10～15厘米；随着荷叶逐渐枯黄，地下藕逐步成熟，水层保持在5～10厘米。每次在施肥时应降低水位至3～5厘米。

（2）合理追肥。藕莲生长过程中对于化肥的需求量比较大，不仅需要在种植藕莲之前施足基肥，还需要在生产过程中及时追肥，一般需要追肥两三次。适时追肥十分重要，第一次追肥在出现一两片立叶的时候进行，亩施复合肥15千克左右，帮助立叶更好地成长；第二次追肥在封行荷叶之前进行追肥，每亩追施尿素15千克或硫酸铵25千克；第三次追肥在出现终止叶时，每亩施复合肥20千克，同时还需要针对土壤的实际情况选择其他类型的化肥，如对于缺钾的土壤增添适量的钾肥。如果计划在7月中旬采摘嫩藕，不必追加第三次化肥。在追肥的具体实施过程中，需要选择比较好的天气，即无风且太阳照射较弱。在追肥之前，将田地当中的水放去一部分，确保处于浅水层状态，肥料在渗入土地之后需要将田地当中的水分恢复。若在施肥的过程中不小心落到叶面上，必须及时用水清洗，避免灼伤叶子。

（3）除草及转藕头。藕田除草提倡使用人工除草，定植前结合翻耕清除杂草，幼苗期至封行前，结合追肥进行耘田除草2～3次。在人工除草的过程中需要保持较轻的动作，避免使地下茎被踩伤，保护好叶子和梗，避免发生损伤和弯折现象。使用化学农药除草，在栽藕之前的10～15天，可以使用扑草净来除草，兑水之后均匀地喷洒在田地当中。也可以使用丁草胺乳剂，在兑水之后均匀地喷洒在田地之中。在移栽莲藕后、杂草出齐时，将藕田当中的明水排干净，使用吡氟氯禾灵（浓度为12.5%）或者是精吡氟禾草灵（35%）兑水搅拌均匀之后，在露水干了之后再进行喷雾除草，一般7天左右杂草会枯死。

转藕头是在莲藕植株长出立叶和分枝时开始到结藕初期的这个阶段内进行，应该对藕头进行定期拨转，主要目的是避免藕鞭长到田地外边，同时也减少田地内部植株分布稀疏不均匀的现象。在生长初期需要每隔 5~7 天进行 1 次，生长阶段则是每隔 2~3 天开始 1 次。当新抽生的卷叶距离田埂的距离在 1 米左右时，需要及时拨转藕头。

5. 病虫害的防治及采收　莲藕主要病害有疫病、褐斑病、腐败病等，主要虫害有蚜虫、斜纹夜蛾、食根花虫、福寿螺等。防治原则：贯彻"预防为主，综合防治"的植保方针，优先采用农业、物理、生态和化学防治。①农业防治：选择无病藕种，结合翻耕每亩施生石灰 75 千克进行土壤消毒；采用冬季晒垡和水旱轮作；清洁田园，人工除草，减少病虫源；清除越冬福寿螺及其卵块。②物理防治：选用杀虫灯或者糖醋混合液等方式进行害虫诱杀。③生态防治：莲藕田套养中华鳖或鸭子。④化学防治：选用莲藕上登记的农药进行防治，农药的使用应符合《农药安全使用规范总则》（NY/T 1276）的规定。主要病害有疫病、褐斑病、腐败病。疫病，发病初期可用 64% 恶霜锰锌 600 倍液、72% 霜脲锰锌 800 倍液等防治。褐斑病，发病初期用 50% 代森锰锌 500 倍液、30% 苯醚甲环唑 1 500 倍液、50% 咪鲜胺锰盐 1 500 倍液等防治。腐败病，少量发生时，及时拔除病株，带出田外销毁，并在病穴及其周围撒施生石灰；药剂可用 98% 恶霉灵 3 000 倍液、30% 苯醚甲环唑 1 500 倍液、50% 咪鲜胺锰盐 1 500 倍液等防治，也可用以上药剂拌成药土分别在 1~2 片立叶期、5~6 片立叶期全田撒施。主要虫害有蚜虫、斜纹夜蛾。蚜虫，可用 70% 艾美乐 4 000 倍液、10% 烯啶虫胺 2 000 倍液等交替防治。斜纹夜蛾，在卵孵化盛期至 1~2 龄幼虫高峰期，可用 5% 美除 1 000 倍液、20% 氯虫苯甲酰胺 2 000 倍液等交替防治。

莲藕的采收时间比较长，在采收时，应当先找到终止叶与后把叶，二者连线的方向就是藕的着生位置。一般在秋分和白露之前采收的为鲜藕，可以生吃。霜降后采集的藕为老藕，可加工成藕粉或者熟食。

（二）子莲的栽植与管理

子莲陆续开花结果，生长期长，要求无霜期长，较适于我国长江以南地区栽培，目前湖南、福建、江西、湖北、浙江等省子莲栽培较多。子莲栽培分浅水子莲栽培和深水子莲栽培。浅水子莲适应水深一般为5～25厘米，最深不超过50厘米，适于一般水田和低洼地栽植。深水子莲一般适应水深20～45厘米，最大耐水深不超过1.5米，适于在池塘、湖荡、河湾中种植。

1. 浅水子莲栽培与管理

（1）对田块的要求。同藕莲栽培一样，子莲栽培也要求产地条件符合无公害生产要求，田块背风向阳，土壤疏松肥沃，保水保肥能力强，水源充足，水质良好无污染，排灌较为方便等，不宜选用烂泥田、冷锈田进行子莲的栽培。

（2）整地、施基肥。对选定的田块，要在冬前进行深耕，并经过一个冬季的晒垡，这样一方面可以消除土壤中的部分病原体和敌害生物，降低子莲的病害发生率；另一方面可以使土壤中的有机质氧化分解，为子莲的生长提供有利条件。开春后，每亩田施腐熟有机肥1 500～2 000千克，加生石灰50千克，缺磷莲田可施过磷酸钙50～80千克，缺钾莲田可施硫酸钾或氯化钾10～15千克。施入基肥后再将土壤浅耕一遍。

（3）适时栽植。子莲的栽培时间因各地气候的不同而异，一般认为在气温稳定在15℃以上时开始栽培比较适宜。在长江中下游地区，多在3月底至4月初开始定植。子莲的栽培密度一般是行、穴距分别为2米左右，也有的分别增至2.5米及以上。每穴丛植种藕3株，每株有主藕1支，子藕1～2

支。每穴栽植种藕 1 株时，行、穴距分别为 1.6～2 米和 0.6～0.7 米。栽植时，应先根据行、株距确定栽植点。然后，在每个栽植点根据种藕的形状和大小挖条形沟，沟深 10～15 厘米，并将种藕头下尾上放置于沟中，种藕尾部要与地面齐或稍露出土面（前后倾斜 10°～20°角）。最后，用泥土将种藕覆盖好。

（4）田间管理。

水层管理：子莲种藕定植后，应保持 3～5 厘米的浅水，以提高地温，促进早生快发。立叶长出后，要随着气温的升高逐步加深水位。开花结果盛期，时值炎热天气，在我国南方地区气温往往会超过 35℃。为了防暑降温和促进结实灌浆，应勤灌凉水，并保持 20 厘米左右深的水层。入秋后气温下降，天气转凉，当气温降至 25℃ 以下时，水位应落浅至 8～10 厘米。气温降至 20℃ 以下时，水位降至 4～5 厘米，直到越冬。冬季较为寒冷时可适当提高水位，或于田面覆盖稻草保温，以防止土壤受冻，冻伤藕身。

肥料管理：子莲生育期长，需肥量大。为此，在施足基肥的基础上，还要施好追肥。子莲追肥，要轻施苗肥和始花肥，重施花果肥，补施后劲肥，用好根外肥（叶面肥）。当植株长出 1～2 片立叶时，即应进行第一次追肥，每亩施尿素 5～6 千克、过磷酸钙 8～10 千克，与 3～4 倍细土拌匀后撒施或点施于植株周围。进入初花期，要进行第二次追肥，每亩施尿素 8～10 千克、过磷酸钙 10～12 千克、硫酸钾或氯化钾 5～6 千克，并加适量硼、镁、锌等微量元素拌匀施用。开花结果期，植株养分消耗多，追肥量要大，每亩施尿素 15 千克、过磷酸钙 12～15 千克、硫酸钾或氯化钾 6～9 千克，并加适量微量元素拌匀撒施，可分 2～3 次施用。立秋前后，为了防止子莲后期脱肥早衰，增加后劲，增加子莲后期产量，每亩施尿素 5～10 千克。此外，还可根据子莲生长情况用好根外肥（叶面肥)。对子莲追肥还要注意求稳,特别是 5 月下旬至 6 月,如果莲叶过分密集、肥大、色浓绿,而花苞少,则应停止追肥,或不用尿素改用有机肥,使之稳健地生长。

中耕除草:子莲栽培要求及时进行中耕除草,有利于植株的生长和莲子产量的提高。中耕除草一般在种藕栽植后半个月开始,到荷叶封行前结束。期间,要进行 2~4 次。人工除草时,可将杂草连根拔除,拔下的杂草圈成团,捺入泥中作肥料。

适时转藕头:子莲生长期间,为使莲鞭不窜出田埂外和使植株在田间分布均匀,需要及时拨转藕头。方法可参照藕莲进行。因为新梢较为脆嫩,所以转藕头宜在中午后茎叶柔软时进行。

植株的整理:这是因为子莲生长旺盛,在群体叶片密集、全面封行的条件下,常会因为通风不良而引起开花多而结果少、空瘪多的后果。为了多结果和使籽粒饱满等,应注意植株的整理,及时摘除已枯黄或已变成黑褐色的浮叶,以及过于密集的分蘖小叶,并埋入泥中。莲子开始采收后,每采收 1 个莲蓬,也要将其旁生的老叶摘除。这是因为莲蓬采摘后,旁生叶存在的意义不大,将其摘除有利于其他莲蓬的生长。

病虫害防治:腐败病可采用水旱轮作、消毒等方法防治,褐斑病可每亩用多菌灵 50 克兑水 60 千克防治。斜纹夜蛾可以用昆虫性诱剂、杀虫灯等诱杀,蚜虫可用诱虫板杀虫或 10%吡虫啉可湿性粉剂 2 000 倍液防治,藕蛆可放泥鳅、黄鳝,或田间撒施菜籽饼浸水 24 小时的渣液防治。

(5)采收。当鲜果生食要采青绿子时期的莲蓬,收壳莲要采黑褐子时期的莲蓬,加工通心莲要采收紫褐莲子时期的莲蓬。采莲时,人员可带背篓或编织袋下田采莲,每隔 2.3 米踩开一条采莲路,每次按固定的采莲路线巡回采收,以防满田乱走，踩伤藕鞭。莲子一般从 6 月底至 9 月底可陆续采收。

2. 深水子莲栽培技术

（1）栽培条件。深水子莲栽培的产地环境条件应符合莲藕无公害生产的要求。可在池塘、河湾、湖荡中栽植，水位以不超过 50 厘米为宜，夏季汛期水位不超过 1 米，短期最大水深不超过 1.5 米。由于子莲所结的藕比较细小，所以对水下土壤的要求不那么严格，只要不是沙滩和过于坚实的土壤都可以进行种植。湖荡、河道水流要平缓或基本静止，水质良好，无污染。

（2）品种选择。深水子莲栽培应选择耐深水的优良子莲品种进行栽培，如寸三莲、太空莲 2 号、太空莲 3 号、子莲 2 号等品种。子莲栽培地通常用种藕作种。对种藕的要求符合本品种的形态特征外，还要求顶芽旺盛、无病无伤以及大小适中等。种藕要随挖、随选、随栽，不宜在空气中久放。

（3）栽植方式。为便于日后行船采收莲子，深水子莲一般采取宽、窄行的栽植方式进行栽植。宽行距一般为 3～4 米，窄行距一般为 1.5～2 米，行内穴距为 1.5 米。每穴栽植 3 支种藕，每支种藕具主藕和子藕各 1 支。深水子莲栽植时，应注意以下 3 个方面：第一，注意芽头的朝向。种藕的顶芽应朝不同的方向，外围各穴的顶芽应朝向内，而不能朝向外。同时，也应尽量避免朝向宽行行间。第二，要挖好种植穴。栽植时，应先在栽植点按种藕的外形和大小等，用手、脚或工具等开好种植穴，穴深 10～12 厘米，然后将种藕栽入穴中。第三，栽植时要使种藕藕身有一定的倾斜。种藕的顶端要略向下倾斜，尾部要稍上翘，以免顶芽萌发后地下茎抽生露出泥面外。

（4）管理措施。深水子莲生长期间，与浅水子莲生长期间的主要管理措施基本相同，可参照进行。

第五节　高效套种（养）模式

一、大棚莲藕早熟高效栽培技术

莲藕是我国种植面积较大的水生蔬菜，各地普遍采取露地栽培，嫩藕上市期最早为 7 月上旬，供应期集中，价格偏低。经过几年试验，利用塑料大棚栽培莲藕，春藕上市可提前到 5 月中旬，比露地栽培提早 40～60 天，一般每亩产量 1 000 千克左右，售价高达 6～7 元/千克。8 月中旬采收夏藕，夏藕产量同露地栽培，双季莲藕每亩产值达万元以上，经济效益明显。

1. 藕田选择　选择背风向阳、水源充足、土壤肥沃、泥层深厚疏松、排灌方便，且上年种植水稻的地块较好。常有大风经过的地块不宜作栽培地块。

2. 大棚搭建　一般于 1 月中下旬前搭建竹架大棚，架材宜就地取材，如毛竹和小山竹等都是较好的架材；有条件的可以选用标准钢管大棚，大棚跨度为 4～12 米、棚顶高 2～4 米、长 30～60 米，南北走向。大棚两侧底部上裙膜，裙脚用泥土压紧，上部覆盖顶膜。棚内四周筑坚实小埂，埂宽 25 厘米、高 30 厘米，防止棚内肥水渗漏。

3. 整地施肥　建棚前先将藕田深翻，耕深 25 厘米以上。搭好大棚后，再耕翻一次并施足基肥。一般基肥占全生育期需肥量的 70%，追肥占 30%。中等肥力田块每亩施腐熟厩肥 2 000～2 500 千克、碳酸氢铵 50 千克、钙镁磷肥 50 千克、硫酸钾 10 千克、硼锌肥 1～2 千克，耕细耙平，保持 3～5 厘米浅水层待种。

4. 藕种选择　选用早熟、子藕少、品质好、抗病性强、丰产性好的浅层莲藕品种，如东阳的东河早藕等。母藕或子藕均可作种藕，要求藕身粗壮丰满、有完整的顶芽和侧芽、具有

2～3个节、新鲜无伤病、种性好。

5. 适期移栽 大棚建成后提前 20 天左右扣棚升温。一般在 3 月初选晴暖天气移栽，种藕要随选随挖随栽。定植行株距为 1.0 米×0.6 米，藕头朝一个方向稍向下斜插入泥中，相互错开，入泥深 8～10 厘米，尾梢上翘超出水面，前后与水平线呈 20°～25°夹角。每亩栽 1 000 株，用种量约 1 000 千克。有条件的可以在大棚内套小拱棚，保温效果更佳。

6. 藕田管理

（1）水分管理。藕田水层管理的原则是"前浅、中深、后浅"，即发芽期，白天浅水 3～5 厘米，使田土吸热增温，利于莲藕萌芽生长。若遇寒流，应加水防冻。在浮叶期，水位控制在 3～5 厘米，立叶期逐渐加深水层到 10～20 厘米。当出现后把叶时，表明已进入结藕期，应在 3～5 天内将水位降到 5～10 厘米，以提高地温，促进藕身生长。

（2）温度管理。浮叶期密闭保温，同时注意水位，水位过低、棚温过高会引起叶片灼伤；当棚内第一立叶形成后到荷叶盖顶期间，棚温保持在 25～30℃，期间棚中荷叶较密，通气困难，应摘掉水中老残浮叶，还要经常揭开裙膜通风换气。棚温超过 32℃以上时，应加强通风。一般在 5 月上中旬，当室外日平均气温达 23℃且白天平均气温达 25℃左右时，揭去棚膜。应注意的是，揭膜前 2～3 天要将棚膜全部卷起，昼夜通风炼苗，提高植株适应能力。

（3）除草。大棚栽培莲藕，在荷叶封行前易生杂草。如果采用人工除草，很容易踩伤地下茎芽，主要采用化学除草。具体方法是在禾本科杂草 3～4 叶期，将藕田水排干，用 10.8% 吡氟氯禾灵 1 000 倍液或 15% 精吡氟禾草灵 600 倍液，在露水干后喷洒杂草叶面，喷药后 4 天左右杂草枯死时再复水，防除效果显著。

（4）追肥。分期追施立叶肥和结藕肥，氮、磷、钾比例为

2:1:2。在藕田出现少数立叶时，每亩追施尿素或复合肥 10
千克；当田间长满立叶后且部分植株出现后把叶时，重施结藕
肥，一般每亩施复合肥 30 千克。结藕期应少施或不施钾肥，
以防藕皮粗糙。追肥时，要把田水放干或浅水后进行，施肥后
1 天复水；若施肥时肥料黏到叶片上，应泼水冲洗，以防止灼
伤叶片。

（5）病虫害防治。春藕病害较轻，立叶期喷施 70％丙森
锌可湿性粉剂 500～700 倍液或 70％甲基硫菌灵可湿性粉剂
800～1 000 倍液预防病害。虫害主要是蚜虫，可用 10％吡虫
啉可湿性粉剂 2 000 倍液或功夫菊酯乳油 2 000 倍液喷雾防治；
采用频振式杀虫灯和性诱剂诱捕斜纹夜蛾。

7. 采收

（1）春藕采收。5 月中旬，当田间出现大量终止叶时，表
示新藕已长成，要小心采挖、清洗，用海绵把嫩藕上的锈斑轻
轻擦去，然后用泡沫箱包装上市。

（2）夏藕管理。春藕采收时，边挖春藕边种夏藕，每亩施
尿素 15 千克、硫酸钾 10 千克。一般的管理技术可参照春藕，
气温超过 35℃时，灌 20 厘米深的水或田间放养绿萍护苗，夏
藕于 8 月下旬至翌年 3 月底采收。

二、藕-稻-鱼套种套养技术

通过对藕稻套种、稻田养鱼和藕田养鱼的综合技术探讨研
究，总结出"藕-稻-鱼"生态立体种养可促进种植业与养殖业
的和谐发展，提高经济收入。现就藕-稻-鱼套种套养的技术要
点介绍如下：

（一）藕稻田的基本条件

用于发展藕稻田养鱼的田块，要优先选用靠近水源、水量
充足、水质较好，且进、排水又比较方便的田块，面积以 5～
6 亩为宜，要求环境相对安静，且不易受附近农田用药、施肥

的影响。用于养鱼的藕稻田要有较强的保水、保肥能力。这样可使田间水保持较长的时间，特别是鱼沟、鱼坑里的水能够经常稳定在所需要的水深。

（二）莲藕、晚稻品种选择及套养鱼类品种的选择

1. 莲藕、晚稻品种　莲藕选取中熟品种，这样可以在莲藕成熟时套种晚稻；在晚稻品种上选用早、中熟品种，不宜选用迟熟品种，确保稳产增产。

2. 套养鱼类品种选择　藕田套养鱼类应选择体型小、经济价值高、适应性强的品种。目前，最适宜在藕田套养的品种有禾花鲤、塘角鱼等。在水草或浮萍较多的藕田可以适当投放一些草鱼种，以清除田中的水草和浮萍。

（三）养鱼藕稻田工程改建

1. 加固加高田埂　加固加高田埂可防止鱼的跳逃，有利于蓄水、保水，也有利于鱼的生长。田埂的高度可根据藕田原有的地势和养殖品种来确定。养殖禾花鲤、塘角鱼等田埂高度一般要求在 60 厘米左右，保证田埂高出藕田最高水面 50 厘米左右。高度不够的要加围拦网，拦网埋入泥土 30 厘米以上并压实，网高以 150 厘米左右为宜。田埂宽 40 厘米以上，并夯打结实，确保不塌、不漏。

2. 开挖鱼沟、鱼窝　鱼沟是在藕田内开挖的供鱼类生活和出入的通道。沟宽 0.5～1.0 米、深 0.5 米，可开挖成"日"字或"田"字形，但不可超过总面积的 10%。

鱼窝是藕田养殖鱼类投喂饲料场所和田水降低时鱼的聚集场所。鱼窝开挖在鱼沟的交叉处和田边、田头等，鱼窝之间由鱼沟互联互通。面积依田块大小、水源条件、鱼的放养数量等而有较大差异，规格一般为 2.0 米×2.0 米，也可再大一些，深一般为 1.0～1.2 米。大的田块可多开挖几个鱼窝，或在藕田的一侧或四周开挖较深的鱼沟。鱼沟、鱼窝的开挖面积占藕田总面积的 10% 左右。根据具体情况，可在栽植莲藕前先开挖好鱼沟、鱼窝，也可以在栽植莲藕时预留鱼沟、鱼窝的位置，等到莲藕出苗后，再开挖鱼沟和鱼窝。

3. 开挖注、排水口，安装拦鱼栅　在藕田长边对角线的两端开挖注、排水口，并与沟、窝相通，以利于藕田进、排水通畅，避免产生死角。进、排水口的大小除了应满足藕田正常用水外，还应满足在短时间内排出因暴雨等原因而大量积水的要求。排水口底面与藕田的泥面持平或略低于泥面，并随生产过程中莲藕、水稻和鱼对田水深度的要求而调整排水口的高度。进、排水口两侧及底面最好用砖块或石板砌牢，以避免流水长期冲刷而发生变形或崩垮。在进、排水口必须安装拦鱼栅（网），以防逃鱼和防止野杂鱼、敌害生物进入田内。拦鱼栅（网）多用竹栅、金属网或尼龙纤维网等。拦鱼栅（网）安装时要高出田埂50厘米左右，下部插入泥中30厘米左右。拦鱼栅片为竹条时，拦鱼栅可插成"∧"形或"⌒"形。进水口凸面朝外，出水口凸面朝向田内，以加大过水面和减少对拦鱼栅的压力。

4. 开设溢水口　溢水口的作用是保持所需水位，并在暴雨时将田内多余的积水排出。溢水口建在排水口一边的田埂上，口底与藕田最高水位线平，以砖石砌成，并安装拦鱼栅（网）。

（四）稻藕田鱼种的放养和管理

1. 莲藕种植、鱼种放养及晚稻的套种　莲藕种植一般在清明节前后进行，在莲藕种植完成后即可放养鱼种，每亩放养4～5厘米禾花鲤鱼1 500～2 500尾；5～6厘米土塘角鱼种2 000～2 500尾。按藕田的实际条件可套养大规格鲢、鳙20～30尾/亩。

8月莲藕叶片开始转老逐渐枯黄时，可先捕捞达到上市规格的禾花鲤上市，再在藕田中套种晚稻，晚稻插秧完后1周，再补充投放鱼种。如果田里的浮萍等杂草类较多，可以再投放一些草鱼种，每亩投放 20 厘米左右规格的草鱼 10 尾，以清除掉田间杂草。

在实际生产中，鱼种的放养量要根据藕田的条件、饵料情况和管理水平而灵活调整。鱼种下田前，用 2%～3% 食盐水对鱼体消毒 10～15 分钟，以提高鱼种成活率。

2. 日常管理

（1）投饲。最好投喂大厂家全价颗粒饲料，也可以投喂一些花生麸、麦麸、玉米粉、米糠等。投饵量一般为鱼体重的 4%～5%，当气温在 25～28℃ 时，田中鱼类摄食最旺，可适当加大投饵量，促进其生长。要定点设置食台投喂，投喂时间以 10：00 前和傍晚为宜。投喂数量、次数应根据天气、水温、水质、饲料种类和鱼的规格及吃食鱼数量而灵活掌握，原则是在 1～2 小时内将饵料吃完为宜，注意观察和判断，避免盲目性。根据藕田的天然饵料条件，每天投喂饲料 1～2 次。

（2）灌水。藕田养鱼的初期宜灌浅水，田水深 10 厘米左右即可。随着藕、鱼的生长要逐渐加深水位到 15～20 厘米，促进莲藕的开花、水稻的分蘖与鱼的生长。在炎热的夏季适当加深水位，对藕、稻和鱼的生长有利。在不影响莲藕和水稻生长的情况下，尽量提高水位，以尽可能地给鱼类提供一个较大的水体生活空间。

（3）日常管理。当水温超过 30℃ 时，藕田养殖鱼类易缺氧窒息死亡，此时要经常加注新水，以调节水温和增加水体溶解氧。要经常巡田检查，如发现鱼有异常要及时处理，发现田埂坍塌、拦鱼栅（网）松脱或损坏的要及时修补好。此外，在生产活动中容易造成鱼沟、鱼坑壁沿的泥土坍塌或淤泥积聚，沟、坑的深度变浅或堵塞。所以，要定期清除沟、坑内的淤积物，保持一定水深及水质清新，保证鱼类正常生长。

（4）鱼病防治。高温季节每 15～20 天全田泼洒生石灰水一次（用水溶化后滤去颗粒残渣），生石灰用量为 10～15 千克/亩，或漂白粉一次用量为 1 毫克/升浓度。

（5）藕田施追肥、施药注意事项。

藕田施追肥：施肥重施底肥，占 70％左右，追肥占 30％左右。施追肥应做到既要满足莲藕生长的需要和使田水有一定肥度，又不能伤害套养的鱼类。可施腐熟的有机肥或施化肥，施追肥 1 次且施量不要过大。以尿素、钾肥等作追肥时，可先排水降低田水水位，使鱼集中于沟、坑内，然后全田普施，使之迅速与田土结合，以更好地被莲藕根部吸收。

施药：施药一定要选用低毒、低残留、广谱性农药。要严格掌握药物的用量并精确称量，不可随意提高农药的浓度。施药时要加深田水，最好分片施药。施药时采取一边进水、一边出水的方法，使落有药液的田水及时排出田外。

（6）做好生产记录。在生产过程中，要做好种植、养殖生产的记录。

3. 藕稻田套养鱼类的捕捞 当禾花鲤长到 80～100 克/尾、土塘角鱼长到 150～200 克/尾左右的规格时，就可作为商品鱼捕捉上市。禾花鲤生长速度较快，南方地区一年可放养两次。

三、藕田套养小龙虾技术

近年来，种养结合的高产模式很多，这不仅是当前农业结构调整中的一项新举措，也是农民增收的又一条好门路。藕田套养小龙虾，藕田中的水草可作为小龙虾的天然饵料，既起到了为藕田生态除草的作用，又提高了藕田的利用率，龙虾的排泄物还为藕田增加了有机肥料，实现良性循环，属于种植和养殖互相利用、互相补充的创新模式。同时，又取得了很高的经济效益，亩产莲藕 2 000～2 500 千克、小龙虾 235 千克左右，亩产值达到 1 万元左右。

1. 藕田选择与田间工程建设

（1）养虾藕田的选择。套养小龙虾的藕田，要求水源充足、排灌方便和抗洪、抗旱能力较强。藕田土壤的 pH 呈中性至微碱性，并且阳光充足，光照时间长，有利于浮游生物繁殖，尤其以背风向阳为好。为确保莲藕和小龙虾产品达到无公害要求，养殖场地必须远离工业、农业及生活污染源，环境符合《农产品安全质量　无公害水产品产地环境要求》（GB/T 18407.4）、外源水质符合《无公害食品　淡水养殖用水水质》（NY 5051）标准。

（2）加固加高田埂。为防止小龙虾掘洞时将田埂打穿引发田埂崩塌，以及在汛期大雨后易发生漫田逃虾，因此需加高、加宽和夯实田埂。加固的田埂应高出水面 40～50 厘米，田埂基部加宽至 80～100 厘米。田埂四周用窗纱网片或钙塑板建防逃墙，高出埂面 70～80 厘米，每隔 1.5 米用木桩或竹竿支撑固定，网片上部内则缝上宽度 30 厘米左右的农用薄膜，形成"倒挂须"，防止小龙虾攀爬、打洞外逃。

（3）开挖虾沟、虾坑。冬末或初春，在藕田中开挖虾沟和虾坑，给小龙虾创造一个良好的生活环境和便于集中捕虾。虾坑深 50 厘米、面积 3～5 平方米，虾坑与虾坑之间开挖深为 50～60 厘米、宽为 30～40 厘米的虾沟。虾沟可呈"十"字或"井"字形。一般小田挖成"十"字形，大田挖成"井"字形。整个池中的虾沟与虾坑要相连通，一般每亩藕田开挖一个虾坑，藕田的进水口与排水口要呈对角排列，进、排水口与虾沟、虾坑相通连接。

2. 藕田准备与虾苗种放养

（1）藕田施肥消毒。饲养小龙虾的藕田，施肥应以基肥为主，最好施有机肥。使用基肥时，每亩施用有机肥 1 500～2 000千克；也可以加施化肥，使用化肥时，每亩用碳酸氢铵 20 千克、过磷酸钙 20 千克。基肥要施入藕田耕作层内，一次施足，减少日后施追肥的数量和次数。在放养虾苗前 10～15 天，要对藕田虾沟和虾坑进行消毒。每亩藕田用生石灰 100～150 千克，化水泼洒。

（2）虾种放养。小龙虾在藕田中饲养，放养方式类似于稻田养虾，但因藕田中常年有水，因此放养量比稻田饲养时的放养量要大。放养方式有两种：一种是放入亲虾让其自行繁殖，亲虾直接从养殖池塘或天然水域捕捞的成虾中挑选，时间一般在 8 月底至 10 月中旬。每亩放养规格为每千克 20～30 只的小龙虾 20 千克左右，雌雄比例为（2～3）：1。另一种是春季放养幼虾，每亩放规格为每千克 250～600 尾的小龙虾幼虾 2.5 万～4.5 万尾。放养时，要进行虾体消毒，可以用浓度为 4％左右的食盐溶液浸浴虾种 3～5 分钟。

3. 日常饲养与藕田管理

（1）小龙虾饲料投喂。小龙虾的饲料有米糠、豆饼、麸皮、杂鱼、螺蚌肉、蚕蛹、蚯蚓、屠宰场下脚料或配合饲料等。投饲量以藕田中天然饵料的多少与小龙虾的放养密度而定。在投喂饲料的整个季节，遵守"早开食，开头少，中间多，后期少"的原则。6～9 月水温适宜，是小龙虾生长旺期，一般每天投喂 2～3 次，时间在 9：00～10：00 和日落前后或夜间，日投饲量为虾体重的 5％～8％，其余季节每天可投喂 1 次，于日落前后进行，日投饲量为虾体重的 1％～3％。饵料应投在靠近虾沟虾塘、水位较浅和小龙虾集中的区段，以利于其摄食和检查吃食情况。

（2）藕田施肥。兼顾小龙虾安全的前提下，进行藕田合理施肥。养虾藕田应以基肥（占 70％）为主。追肥以有机肥为主。使用化肥时，每亩控制用碳酸氢铵 10 千克、过磷酸钙 10 千克以内。使用肥料时，要注意气温低时多施，气温高时少施。为防止施肥对小龙虾的生长造成影响，可采取半边先施、半边后施的方法交替进行。

（3）防病治虫。坚持"预防为主，治疗为辅"的原则。小龙虾生长期间每隔 15～20 天使用 1 次生石灰泼洒消毒，每次每亩 10～15 千克，在饲料中添加一定量的大蒜素、复合维生素等药物，一般可控制不发生病害。小龙虾养殖有两种病害比较常见：一是病毒病，可用 0.3～0.5 毫克/升聚维酮碘全田泼洒，连用 2 次，每次间隔 1～2 天；二是纤毛虫病，可用 0.3～0.5 毫克/升四烷基季铵盐络合碘全池泼洒或用"虾蟹甲壳净"，每亩用量为 150～250 克。莲藕主要病害有腐败病、叶枯病、叶斑病等；主要虫害有莲缢管蚜、潜叶摇蚊、斜纹夜蛾等。可用生物防治和选用对口无公害农药，进行综合防治。

4. 起捕收获　龙虾的起捕时间是由放养时的规格大小和投放的批次来决定起捕时间的。一般在 6 月下旬后可分批分次捕捞，实行捕大留小是降低成本、增加产量的一项十分重要的措施。起捕龙虾的工具一般采用 2 厘米以上的网眼虾笼或地笼放入养殖沟的拐角处进行捕捞。待第二天清晨收笼起捕，有条件的可在笼中投放一些诱饵，这样起捕效果更好。根据实践证明，凡是藕田套养龙虾的田块一般采用人工挖藕最佳，只要把水放至环沟平，就可以挖。这样不仅挖出藕而且还挖出了大规格的龙虾。养龙虾的藕田不宜采用高压水枪冲挖，因为这样会影响到龙虾的起捕。

四、藕田立体高效养殖泥鳅黄鳝

近年来，莲藕种植户为提高藕田的综合效益，在莲藕田中立体混养泥鳅、黄鳝取得了显著的生态效益、经济效益和社会效益。平均每亩产莲藕 3 000 千克、黄鳝 600 千克、泥鳅 500 千克，每亩增收 3 万元以上。这种种养结合的生态立体种养模式，既增加了泥鳅、黄鳝的养殖收入，又可以改善藕田的生态环境，增加藕田的肥力，使莲藕种植年限延长，病虫危害减少，莲藕的产量、品质和效益都得到显著提高。现将莲藕田生态立体高效混养泥鳅、黄鳝技术介绍如下：

1. 莲藕田的要求 莲藕按常规方法进行栽培。莲藕田最好是上年种过莲藕且留有种藕在田的田块。同时，要选择排灌方便且无污染的水源和疏松肥沃的田块作藕田用地。用于立体种养的田块，单田面积以 500～1 000 平方米比较适宜。在藕田的四周开挖宽 1～2 米、深 0.5 米的围沟，在围沟的四角建坑池，每个坑池面积 10 平方米左右，坑池深 0.8 米，坑底铺 0.5 米厚的肥田泥。田中开挖数条纵横沟，沟宽 0.5 米，深 0.4 米，呈"井"字形或"十"字形。面积大的采用"井"字形，面积小的采用"十"字形，并与围沟、坑池相通，沟坑面积占藕田面积 15%左右。沟坑内设若干两头相通的塑料管子、竹筒、砖隙等作为鳝、鳅的鱼巢，让黄鳝、泥鳅有隐蔽栖息之地。藕田的四边用砖头或塑料板砌好拦好，防止黄鳝、泥鳅逃跑。

2. 鳝鳅苗的放养 鳝鳅苗放养前 10 天，要对藕田进行清田消毒和培肥。方法：在鳝鳅苗放养前 10 天，每亩用生石灰 50～70 千克加水化开后全田均匀泼洒，并在预设的沟、坑内每亩施禽畜粪便 250～300 千克，注水 30 厘米深，以繁殖大型浮游生物供鳝种、鳅种摄食。10 天后，整个藕田全部加深水位至 1.5 米以上，然后即可放入黄鳝、泥鳅苗种饲养。鳝鱼种苗规格以 30～40 尾/克为宜，每平方米放养 0.2～0.3 千克。泥鳅种苗规格以 60～80 尾/克为宜，投放量占鳝种的 40%左右。投放前，均用 4%食盐水浸洗消毒，浸洗消毒后选择晴天放苗。

3. 饲饵料的投喂 在藕田边设置 2～3 个食台，投喂时将饲料或饵料投放在食台上。投喂时间宜选择在傍晚进行。气温和气压低时少投，天气晴好、气温高时多投，以第二天早上不留残饲料为宜。饲料和饵料的种类主要是自培的蚯蚓，蚯蚓短缺时可投喂蝌蚪、蝇蛆、螺蛳肉、小杂鱼虾等，辅以米饭、面条、瓜果皮等植物性饲料。投饲量占黄鳝体重的 4%～6%。投喂时，先将蚯蚓等饵料在燃烧的稻草上轻微过火，以提高黄鳝的食欲。在 5～10 月的晚上，于沟坑上方挂几盏 3～8 瓦的节能黑光灯诱集昆虫，作为黄鳝的天然饵料。泥鳅主要摄食黄鳝残留饲料、饵料、粪便及藕田中的天然饲料。饲料和饵料都要保证清洁新鲜。

4. 鳝鳅藕的管理　为及时掌握黄鳝、泥鳅和莲藕的生长情况，每天早晚要巡田 1 次。藕田的水位要保证在 1.5 米以上，暴雨和涝灾时要及时排水，防止水位过高鳝鱼、泥鳅逃逸。水位低于 1.5 米时要加注新水。有条件的在整个养殖过程中，最好保持微流水，流速宜在 0.8 立方米/秒左右，流速大了容易造成黄鳝逆水游泳，消耗体力。要严防水蛇、水鼠、水禽等进入藕田，对鳝、鳅造成危害。为保持藕田通风透光，要及时摘除莲藕过多的浮叶和衰老的旱生叶片。夏季可在围沟和坑池中放养水葫芦等水生植物以降低水温。水生植物放入前，用 100 毫克/升的高锰酸钾溶液浸泡 0.5 小时消毒后再放入。

5. 鳝鳅疾病防治　藕田立体养殖泥鳅、黄鳝因放养密度较小，发病率一般很低。鳝、鳅的疾病一般可采取以下措施进行防治：一是疾病的防治。在莲藕田放养一些蟾蜍，每亩放养30 只，利用其分泌的蟾酥杀菌，可有效地达到防病治病的目的；定期在饲料和饵料中添加保肝宁、利骨散、大蒜等，也可增强黄鳝、泥鳅的抗病力。二是水蛭的防治。采用石灰水泼洒和鲜猪血诱捕可有效地得到控制。发现水蛭发生较多时，每亩用生石灰 20 千克化开后全田均匀泼洒一遍，或用数个较深的盆钵等器皿，在器皿内放入适量新鲜猪血，再将放入猪血的器皿固定放在水岸交界的藕田边。当水蛭闻到猪血的气味就会爬入器皿，然后加以捕杀。

6. 藕鳝鳅的收获　8 月为青莲藕采收适期。从 10 月初开始陆续起捕黄鳝和泥鳅上市，至 12 月底基本捕完。枯莲藕可从 12 月底采收至翌年 4 月底。在最后采收枯莲藕时，可结合翻土和整理沟、坑、藕田，将藕田内剩余的黄鳝、泥鳅一并捕捉上市。

第四章 萝卜

萝卜（*Raphanus sativus* L.）又名莱菔、芦菔，是十字花科萝卜属（$2n=2x=18$）二年生或一年生常异花授粉植物。高20～100厘米，直根肉质，长圆形、球形或圆锥形，外皮绿色、白色或红色，茎有分枝，无毛，稍具粉霜。总状花序顶生及腋生，花白色或粉红色，果梗长1～1.5厘米，花期4～5月，果期5～6月。萝卜既可作蔬菜食用，也可药用，具有助消化、清凉止咳、降低胆固醇和防癌的功效，其根、叶、种子均可入药。

第一节　起源与分布

史学研究萝卜的原始种起源于欧、亚温暖海岸的野萝卜，萝卜是世界古老的栽培作物之一。建于4000年前的埃及金字塔里已经有关于萝卜的文字记载，可见萝卜具有很长的栽培历史。

大型萝卜的栽培历史较长，约在公元前2700年，在埃及是一种重要的蔬菜作物。公元前700年时传到日本，公元前500年时传到中国。而小型萝卜的栽培历史没有大型萝卜长，小型长白萝卜于16世纪开始出现在欧洲。到18世纪，出现小型白色圆球类型，后出现了颜色和形状的变异，形成了现在的多种形状、多种颜色的小型萝卜。

萝卜在世界各地广泛栽培，形成了不同植物学性状、不同生态类型的变异种。其中，小型四季萝卜主要分布在欧洲和美洲，用于色拉的配制；大型萝卜主要分布在亚洲，特别是中国、日本和韩国等，用于鲜食、煮食、腌渍、制成罐头或制干来保存。

我国是萝卜栽培的起源地，自古盛行栽培，已有 2 700 年以上的栽培历史，拥有世界上最丰富的萝卜种质资源，在长期的进化和选择中形成了丰富多样的品种类型。据统计，我国每年萝卜播种面积保持在 120 万公顷左右，总产量达 4 000 万吨，是大白菜之后的第二大蔬菜作物。从分布区域来看，山东、河北、江苏、安徽、浙江、广东、四川、福建等省是萝卜的主产区。其中，山东、福建、江苏三省是出口萝卜生产的主要地区。

浙江是全国萝卜产业大省，不仅栽培历史悠久，各种萝卜加工产品也远近闻名。早在 20 世纪 50 年代，浙江农学院（今浙江大学）吴耕民教授就培育成了"浙大长"萝卜品种，萧山萝卜干更是名扬天下，金华北山萝卜、兰溪小萝卜等具有地方特色的传统品种也家喻户晓。萝卜作为浙江省的大宗蔬菜品种之一，各地普遍栽培。据业务统计，2018 年浙江省萝卜播种面积 43.26 万亩，产值 113.33 万吨。产品除供应本地及周边市场外，还远销韩国、日本等国家。

浙江省萝卜的种植区域分布较广，主要栽培的地区有杭州市（萧山区为主、余杭区次之）、临安市、衢州市（衢江区为主，其次开化县、龙游县）、丽水市（以遂昌县、景宁市为主）、金华市（兰溪市为主）、台州市（天台县为主）、绍兴市（上虞市为主）、嘉兴市（海宁市为主）等。商品化基地主要集中在萧山、兰溪、上虞等地，其中萧山萝卜干是浙江省的地方特色蔬菜，全年种植面积在 2 万多亩，是全省面积最大的县区，年产量约 8.8 万吨，年产值约 1.4 亿元，已形成鲜销、保鲜加工、脱水加工和腌制加工等产业。其中，加工、出口约占 50%，产品远销海内外，是萧山拳头产品。

第二节 品种类型与主要品种

萝卜品种资源十分丰富，分类方法也很多。按肉质根的形状可分为长形、圆形、扁圆形、纺锤形、圆锥形等；按皮色可分为红色、绿色、白色、紫色等；按春化特性可分为春性、弱冬性、冬性和强冬性等；按用途可分为菜用、水果用和加工腌制用等；按生育期长短可分为早熟、中熟和晚熟等。目前，生产上按收获季节分秋冬萝卜、冬春萝卜、春夏萝卜、夏秋萝卜和四季萝卜五类。

一、秋冬萝卜

此类萝卜夏末秋初播种，秋末冬初收获，生长期 60～120天，多为大型和中型品种。由于这类萝卜品种多，生长季节气候条件适宜，因此品质好、产量高、收期迟、耐储藏、用途多，为萝卜生产中最重要的一类。主要品种有白色种的浙大长萝卜、黄州萝卜、广州火车头萝卜、昆明水萝卜、太湖长萝卜等；红色种的南京穿心红、徐州大红、萧山一点红、一刀种等；青皮种的胶州青等；进口品种有秋成 2 号、超盛、八洲理想、T‑734 等。

二、冬春萝卜

生长于江南冬季不太寒冷的地区。晚秋初冬播种，露地越冬，翌年 2～3 月收获。其特点是耐寒性强、春化严格、抽薹迟、不易糠心，是解决春季淡季缺菜的优良品种类型。主要品种有杭州笕桥的大缨洋红、武汉春不老、杭州迟花萝卜、白雪春 2 号等。

三、春夏萝卜

2～3 月播种，4～6 月收获，生育期 45～70 天，为晚抽薹品种，近几年栽培面积渐增。主要品种有春萝卜 9646、白雪春 2 号、白玉春、春白玉、五月红、春红 1 号等。

四、夏秋萝卜

夏季高温季节生长的耐热萝卜，在调节 8～9 月市场供应上起着重要的作用。主要品种有汕头短叶 13、夏抗 40 天、伏抗、杭州小钩白、美浓早生等。

五、四季萝卜

这类萝卜一般都是扁圆形或长形小萝卜，生长期短，除严寒酷暑外，四季可种，适应性较强，抽薹迟。主要品种有南京扬花萝卜、上海小红萝卜等。

第三节　标准化栽培技术

一、地块选择

选择地势平坦、土层深厚、土质疏松、排灌方便、土壤中遗留大量肥料的田块为宜。避免与油菜等十字花科蔬菜连作，选用大豆、水稻、玉米等作物作为前茬，也可与南瓜、笋瓜等隔畦间作。

二、播前准备

1. 茬口安排　应根据市场的需求及各品种的生物学特性，创造适宜的栽培条件，尽量把播种期安排在各适宜生长的季节里。夏秋萝卜播种期选择在 5 月下旬至 6 月上旬，8 月中旬至 10 月可采收。秋冬萝卜在 8～9 月播种，11～12 月采收，此季是种植面积较大的季节。冬春萝卜 11 月下旬播种，3～4 月采收。春萝卜大棚栽培，一般可在 1 月下旬至 2 月上中旬播种，4 月上旬开始采收；露地地膜覆盖栽培，在 3 月中下旬至 4 月上旬播种，5月中下旬至6月初采收；小拱棚加地膜覆盖栽培的，播种期可提前至3月上中旬。

2. 整地施肥 根据不同的品种选择栽培地块，一般大型萝卜选择较厚的土壤，小型品种选择土层较浅的地块。应及早深耕多翻，耕后充分打碎耙平，清理前作根系等杂物，以利于萝卜肉质根在土壤中的生长。作畦方式，应深沟高畦，以利于排水。一般大面积栽培的中型萝卜畦高20～25厘米，畦宽1～2米，沟宽40厘米。

施肥以基肥为主、追肥为辅。基肥应以腐熟的厩肥为主，并配合施用部分磷、钾肥。一般每亩施腐熟厩肥2 500～3 000千克或商品有机肥500～1 000千克、碳酸氢铵20千克、过磷酸钙10千克、硫酸钾10千克、硼砂1～2千克，基肥占总施肥量的70%，追肥占30%。

3. 播种 萝卜均行直播，秋冬萝卜和春萝卜都要适期播种，过早、过迟都易失败。播种量根据种子质量、土质、气候、播种方法不同决定。播种密度、方法与选用的品种有关，普通大型萝卜采用穴播，行距40～50厘米，株距30～40厘米，播前先开穴，浇足底水，待水渗入土壤后，按穴播种，每穴播干种子4～6粒，亩用种量400～500克；进口、优质大型萝卜种子每穴播一粒，每亩用种量100～150克，播后覆盖1～2厘米厚的细土。中型萝卜采用条播，行距20～25厘米，株距15～20厘米，播种前开浅沟，浇足底水，每亩用种量600～1 200克。小型萝卜可条播，也可撒播。

4. 田间管理

(1) 间苗。当幼苗拥挤时应分次间苗，以保证全苗壮苗。一般在第一片真叶展开时进行第一次间苗，拔除细弱苗、病苗、畸形苗，每穴可留2～3株；第二次间苗一般在萝卜"破肚"时进行，选留具有原品种特征特性的健壮苗1株，即为定苗，拔除其余生长较弱的苗。

（2）浇水。萝卜叶面大而根系弱，耐旱能力差，需适时、适量地供给水分，尤其在根部发育时，需根据生长情况，进行合理浇水。发芽期要充分浇水，保证土壤含水量在田间最大持水量的60%左右。叶部生长盛期，叶片发育较快，既要保证有足够的水分，又不能过量，应掌握"地不干不浇，地发白才浇"的原则。根部生长生长盛期时保证萝卜优质丰产的关键，一般以土壤含水量为田间最大持水量的70%～80%、空气湿度80%～90%为宜。根部生长后期适当浇水可防治萝卜空心，提高萝卜品质和耐储藏性。在萝卜生长期内，雨水多时应注意开沟排水，防止根系溃烂。

（3）施肥。萝卜的幼苗期和叶片生长盛期需要的氮素比磷、钾肥多。肉质根生长盛期，进入养分主要积累期，则磷、钾肥需要量增多，尤以钾肥最多。秋冬萝卜生长期长，需要分次追肥。第一次追肥在幼苗第二片真叶展开时进行，这时大型萝卜进行第一次间苗，可在间苗后进行松土，随即用稀薄的厩肥汁水追肥；第二次追肥是在定苗后进行；第三次追肥在萝卜"破肚"时进行。中、小型萝卜经3次追肥后追施硫酸铵10～20千克或尿素5～8千克，大型萝卜在"露肩"后每周喷1次2%过磷酸钙，有显著的增产效果。

（4）中耕除草。大、中型萝卜行距大，生长期长，常因雨水或浇水而导致土壤板结，需要多次中耕、除草，以增加土壤的透气性。萝卜的中耕宜先深后浅、先近后远，直至封行后停止中耕，封行后若有杂草需及时拔除。结合中耕除草进行培土，尤其是露身的大型萝卜，培土可以防寒，防止萝卜倒伏、弯曲，以提高萝卜的质量。生长期的大型萝卜，到中后期需经常摘除黄叶、病叶，以利于通风透气，减少病虫害。

（5）病虫害防治。选用抗病品种，与非十字花科作物实行3年以上轮作，高畦栽培，增施有机肥，及时拔除病株，清洁田园。应用频振式杀虫灯、昆虫性引诱剂等物理防治措施。化学防治选用低毒安全的生物农药,采收前20天停止使用农药。

①主要病害有软腐病、霜霉病、黑腐病及花叶病毒病等。应选用抗病品种,深沟高畦,加强田间管理,结合药剂综合防治。软腐病、黑腐病可用20%噻菌酮胶悬剂500倍液,或8%宁南霉素水剂800~1 000倍液,或20%噻唑锌胶悬剂500倍液喷雾防治。霜霉病可用72%霜脲·锰锌(克露)可湿性粉剂600倍液,或30%烯酰吗啉胶悬剂1 000倍液,或80%代森锰锌可湿性粉剂600~700倍液喷雾防治。病毒病可用20%吗啉胍·乙铜可湿性粉剂800倍液,或10%吗啉胍·羟烯水剂1 000倍液喷雾防治。

②主要虫害有蚜虫、菜青虫、菜螟、斜纹夜蛾、甜菜夜蛾、黄条跳甲、猿叶虫、地下害虫等。蚜虫可用22%氟啶虫胺腈胶悬剂1 500倍液,或70%吡虫啉水分散颗粒剂6 000倍液喷雾防治。菜青虫、菜螟可用5%氯虫苯甲酰胺胶悬剂1 000倍液,或10%溴氰虫酰胺油悬浮剂2 000倍液,或60克/升乙基多杀菌素胶悬剂2 000倍液在低龄幼虫期防治。斜纹夜蛾、甜菜夜蛾可用10%溴氰虫酰胺油悬浮剂2 000倍液,或5%虱螨脲乳油剂1 000倍液,或45%甲维·虱螨脲水分散颗粒剂3 000倍液防治。黄条跳甲、猿叶虫可用60%吡虫啉悬浮种衣剂10毫升,或10%溴氰虫酰胺油悬浮剂750倍液防治。地下害虫可用0.2%联苯菊酯颗粒剂5千克,或1%联苯·噻虫胺颗粒剂3~4千克拌土行侧开沟施药或撒施。

(6)采收。萝卜的采收期因品种而异,一般在肉质根充分膨大、根的基部圆起来(俗称圆腔)、叶色转淡、由绿色变黄时应及时采收。凡根部全部埋在土中的品种,可适当迟收,以提高产量。

采收作为鲜食的萝卜,可用刀切除叶丛,运送到市场,由市场清洗后再去销售。利用冷库可以储藏萝卜,采收时可用刀将叶丛连同顶芽一起切除，以免储藏期间发芽空心，等市场需要时再上市。萝卜的产量因品种类型和栽培技术而异，秋冬大型萝卜一般每亩产量为 3 000～4 000 千克，高的可达 5 000 千克以上；中型萝卜一般在 2 000～2 500 千克。

第四节　高效栽培模式

一、辣椒-萝卜-甘蓝栽培模式

1. 品种选择　辣椒选择优质、高产、耐储运、晒干率高、商品性好，适合鲜销加工的品种；萝卜选择花菜萝卜或一刀种萝卜；甘蓝选择冬性强、高产抗病的品种。

2. 茬口安排　辣椒于 2 月上旬播种，4 月中旬移栽，6～8月采收；萝卜于 8 月下旬至 9 月上旬播种，11 月下旬至 12 月上旬采收；春甘蓝于 10 月上中旬至 11 月初播种，12 月中下旬移栽，翌年 3～4 月采收。

3. 主要栽培技术

（1）播种育苗。辣椒于 2 月上旬采用小拱棚育苗，大田每亩用种 50 克，需苗床 25 平方米。播种前，将种子在太阳下晒 2 天，再用 1‰高锰酸钾溶液浸种 10 分钟或把种子放入 55℃的温水中进行搅拌浸种 15 分钟，捞出后放入清水中浸泡 4～5小时，洗掉种子表皮的黏液，置于 28～30℃环境下催芽，当70％左右发芽时即可播种。萝卜于 8 月下旬至 9 月上旬播种，一般采用条播，条距 25 厘米，定苗间距 15～20 厘米。甘蓝于10 月上中旬至 11 月初地膜或小拱棚育苗，每亩用种 50 克，播后覆细沙土 0.5 厘米，然后覆盖塑料薄膜。

（2）整地施肥。辣椒在移栽前 15 天，每亩施腐熟有机肥2 000 千克、高浓度复合肥 25 千克，深翻后整地作畦，畦宽连沟 1.3 米。萝卜播前也要进行土地深翻，并施足基肥，施肥量因土壤肥力而定，掌握"基肥为主，追肥为辅"的原则。整地时，先施入占总施肥量70%的肥料作基肥，施后翻耕入土，切勿施用未腐熟的有机肥。春甘蓝生长期较长，属春化作物，为防止秧苗过大，提早通过春化阶段、提前抽薹，故基肥要足、苗期要控，一般每亩施有机肥2 000千克作基肥。

（3）定植。辣椒于4月中旬地温稳定在15℃时，选择晴稳天气定植，定植前2～3天浇足底水。每畦种2行，株距22厘米左右，栽苗深度以不埋没子叶为准，每亩栽4 500株左右。春甘蓝苗具有6～7片真叶时及时定植，并根据品种、株形大小确定行距，一般每畦种3行，株距35～45厘米，每亩栽3 500～4 500株。

（4）田间管理。辣椒不耐涝，土壤含水量要保持在田间持水量的55%左右，根据土壤墒情及时浇水。5月中下旬雨季来临前，做好清沟排水和培土工作，以防田间积水。6月上旬用竹竿做支柱，用布条等材料拉线，以防辣椒倒伏。定植活棵后，每亩施10千克硫酸钾提苗，盛果期每采收2～3次追一次肥，施硫酸钾10～15千克，并及时摘除老叶、老枝，加强通风透光，以提高辣椒的产量。

萝卜要及时间苗定苗和中耕除草。当有2～3片真叶时，开始第一次间苗；真叶时进行定苗，定苗间距为15～20厘米，结合间苗进行中耕除草。萝卜生长前期土壤适当控水，有利于根的生长，防止茎叶徒长；肉质根开始膨大以后，必须充分供应水分，保持土壤湿润，以防肉质根开裂、空心。追肥在萝卜盛长前分次施用，掌握"破心轻追、破白追重"原则，第一、第二次为定根肥，在每次间苗后施，每亩施尿素5～7千克；萝卜破肚后施一次重肥，施三元复合肥10～15千克；生长旺期施三元复合肥15千克左右。

春甘蓝定植后开春前适当控制肥水，防止越冬期间植株过大而通过春化阶段，但可适当增施磷肥，以促进根系生长。开春后要加强肥水管理，及时追肥，促进植株生长，一般每亩施尿素 8～10 千克；莲座期和结球初期重施速效肥，施尿素10～15 千克，以加速叶丛生长，促进结球。

（5）病虫害防治。按照"预防为主，综合防治"的植保方针，综合运用农业防治、生物防治、物理防治，以及施用生物农药、高效低毒低残留农药的化学防治方法。

辣椒主要病害为炭疽病、病毒病、疫病和枯萎病等，主要虫害为蚜虫、棉铃虫、红蜘蛛等。炭疽病可用 25％吡唑醚菌酯乳油剂 2 000 倍液、42.8％氟菌·肟菌酯胶悬剂 3 500 倍液或 75％肟菌酯·戊唑醇水分散颗粒剂 3 000 倍液在病害发生初期防治；病毒病可用 20％吗啉胍·乙铜可湿性粉剂 800 倍液或 10％吗啉胍·羟烯水剂 1 000 倍液防治；疫病可用 42.8％氟菌·肟菌酯胶悬剂 3 500 倍液或 42.4％唑醚·氟酰胺胶悬剂 3 500 倍液防治；枯萎病可用 30％多菌灵·福美双可湿性粉剂 600 倍液或 70％甲基托布津可湿性粉剂 600 倍液防治。蚜虫可用 22％氟啶虫胺腈胶悬剂 1 500 倍液或 70％吡虫啉水分散颗粒剂 6 000 倍液在发病初期防治；棉铃虫可用 4.5％高效氯氰菊酯乳油 3 000～3 500 倍液或 5％氟虫脲乳油 2 000 倍液防治；红蜘蛛可用 43％联苯肼酯胶悬剂 3 000～5 000 倍液或 20％丁氟螨酯胶悬剂 1 500 倍液防治。

萝卜主要病虫害与本章第三节同。

甘蓝主要病害为霜霉病、软腐病、黑斑病、菌核病等，主要虫害为菜青虫、小菜蛾、蚜虫、黄条跳甲等。霜霉病可用 23.4％双炔酰菌胺胶悬剂 1 500 倍液或 80％代森锰锌可湿性粉剂 600～700 倍液防治；软腐病可用 8％宁南霉素水剂 800～1 000倍液、20％噻菌酮胶悬剂 500 倍液或 20％噻唑锌胶悬剂 500 倍液在发病初期喷淋或灌根防治；黑斑病可用 75％百菌清可湿性粉剂 600 倍液或 50％腐霉利可湿性粉剂 1 000 倍液防治；菌核病可用 42.8％氟菌·肟菌酯胶悬剂 3 500 倍液、30％嘧霉胺胶悬剂 1 000～2 000 倍液或 25％啶菌噁唑乳油剂 2 500

倍液防治。菜青虫、小菜蛾可用 5％氯虫苯甲酰胺胶悬剂 1 000倍液或 60 克/升乙基多杀菌素胶悬剂 2 000 倍液防治；蚜虫可用 10％啶虫脒微乳剂 2 000 倍液或 70％吡虫啉水分散颗粒剂 6 000 倍液在发病初期防治；黄条跳甲可用 70％吡虫啉悬浮种衣剂 10 毫升拌 1 千克种子或 48％噻虫胺胶悬剂 250 倍液在危害初期防治。

二、萝卜-鲜食花生-萝卜栽培模式

1. 品种选择　萝卜选用白雪春 2 号、世农 301、秋成 2 号等；花生选用大红袍、豫花 3 号、豫花 10 号等。

2. 茬口安排　春萝卜于 11 月下旬播种，3～4 月收获。大棚栽培在 1 月下旬至 2 月上中旬播种，4 月上旬开始采收；花生于 4 月中下旬播种，8 月上旬收获；秋萝卜于 8 月中旬播种，11～12 月收获。

3. 主要栽培技术　萝卜、鲜食花生均属旱地作物，宜选择土层深厚、疏松肥沃、排灌方便的沙壤土。

(1) 整地施肥。春萝卜播种前结合翻耕施足基肥，翻耕深度为 40 厘米左右，基肥每亩施商品有机肥 500～1 000 千克、硫酸钾型三元素复合肥（15∶15∶15）30～40 千克、硼砂 2 千克，筑深沟高畦，畦宽（连沟）100 厘米，秋萝卜与春萝卜同。春萝卜采用小拱棚加地膜覆盖方式栽培。花生每亩施高浓度复合肥 20～25 千克、硼砂 1 千克左右作基肥，同时用 3％辛硫磷颗粒 2～3 千克防地下害虫，畦宽（连沟）120 厘米。

(2) 种子处理。花生播种前要进行种子处理，包括晒种、剥壳、粒选和净种催芽等。播前晒种 1～2 天，剥取种子，剔除暗黄粒、病虫粒、破碎粒、秕粒、已发芽粒。用 40℃左右温水浸种 2～3 小时，在 25～30℃温度间催芽至 80％以上种子露白，然后每 1 千克种子用 50％多菌灵可湿粉剂 5 克、钼酸铵 2～3 克用适量水溶解后拌种。

（3）合理密植。萝卜采用直播方式，每穴播1粒，每畦种2行，株距为25厘米，每亩种植5 500株左右；花生每畦播3行，穴距15～20厘米，每穴播露白种子1～2粒，播种深度3～5厘米。

（4）田间管理。

①破膜揭棚。萝卜小拱棚加地膜覆盖栽培的，子叶展开破膜放苗，2月上旬小拱棚打孔，3月上旬至中旬揭去棚膜。地膜栽培的，根据天气情况，一般在子叶展开时破膜放苗。破膜的同时查苗，除弱苗、病苗、杂苗、残缺苗、空穴处需补播。

②除草。萝卜结合查苗补缺时进行除草；花生老草较多的田块于翻耕前5～7天，用10%草甘膦水剂100倍液喷雾。播后芽前每亩用33%二甲戊乐灵乳油100～120毫升兑水40千克，畦面均匀喷雾进行土壤封闭除草。

③合理追肥。萝卜在施足基肥的基础上，一般再追肥2次。第一次是在萝卜"破肚"时，每亩施高浓度硫酸钾型三元素复合肥15～20千克。第二次是在萝卜肉质根膨大期，每亩施高浓度硫酸钾型三元素复合肥15～20千克；花生采用基肥、苗肥、花荚肥相结合的施肥方法，基肥用量一般占总施肥量的80%。根据长势，对叶色偏黄、分枝偏弱的追施苗肥；盛花期追施花荚肥。苗肥每亩施尿素7.5～10千克促进壮苗；花荚肥每亩施高浓度复合肥7.2～10千克。封垄后，可用2%～3%过磷酸钙溶液进行叶面喷洒。

④病虫害防治。以农业防治为主，提倡使用物理和生物防治方法，必要时采取化学防治。萝卜主要病虫害及防治方法见本章第三节。花生主要病虫害有青枯病、叶斑病和蚜虫、斜纹夜蛾、甜菜夜蛾等。青枯病可用20%噻菌铜悬浮剂500倍液喷雾防治；叶斑病可用50%多菌灵可湿粉1 000倍液喷雾防治；蚜虫可用70%吡虫啉可湿粉6 000倍液喷雾防治；斜纹夜

蛾、甜菜夜蛾可用 45% 甲维·虫螨脲水分散颗粒剂 3 000 倍液或 60 克/升乙基多杀菌素胶悬剂 2 000 倍液喷雾防治。

⑤采收。当萝卜肉质根长到一定大小时，即可根据市场行情分批收获。采收时，叶柄部留 3～5 厘米后切断。当花生顶叶退淡、基叶落黄，荚壳外表光滑、略起凹凸，70% 以上籽粒充实度达到饱果仁标准，老嫩适度时及时采收。

三、萝卜-黄瓜-豇豆-芹菜设施栽培模式

1. 品种选择　萝卜选择生长期短，耐寒性强，春化要求严格，不易抽薹、空心的品种，如白玉春、白雪春等品种；黄瓜选择优质、高产、抗病性强的品种，普通黄瓜可选择津优系列，水果黄瓜可选择美奥 6 号、碧翠 18 等。豇豆选择之豇 108、浙翠 3 号等；芹菜选择耐寒性强、耐弱光、高产抗病品种，如四季西芹、台湾黄心芹等。

2. 茬口安排　春萝卜于 1 月下旬至 2 月上中旬播种，4 月上旬收获。春黄瓜于 4 月上中旬直播，6 月上旬至 7 月上旬采收。夏秋豇豆 6 月下旬播种，8 月上旬至 9 月上旬采收。冬芹菜于 8 月下旬播种育苗，10 月上中旬定植，1 月左右开始采收。

3. 主要栽培技术

(1) 整地施肥。春萝卜生育期短，基肥充足是高产的关键。结合翻耕整地每亩施入腐熟有机肥 2 000～2 500 千克、过磷酸钙 20 千克、尿素 20 千克、三元复合肥 450 千克，作畦连沟宽 1.2 米。萝卜出茬后，立即翻耕整地，每亩施腐熟有机肥 2 000～2 500 千克，复合肥 50～60 千克，过磷酸钙 25～30 千克作黄瓜基肥，深沟高畦，畦宽 1.5 米（连沟），铺滴灌覆地膜。黄瓜收获后，利用原有架材种植豇豆。芹菜移栽前，结合整地每亩施 45% 硫酸钾复合肥 40～50 千克、钙镁磷肥 50 千克、硼砂 1～2 千克作基肥。

（2）播种。萝卜、黄瓜和豇豆采用直播方式。萝卜每穴点播 1～2 粒，每畦种 2 行，株距 25～30 厘米，每亩种 6 500～7 500 株。播后浅覆土 0.5 厘米，地膜覆盖保温保湿，促早发芽。黄瓜每畦种 2 行，株距 30～35 厘米，每亩种植 2 000～2 400 株。豇豆每穴点播 3～4 粒种子，每亩用种 1.5 千克。

（3）育苗移栽。芹菜种子很难发芽，即使发芽，发芽势和发芽率都很差，因此采用育苗移栽方式。

①浸种。播前 7～8 天，进行浸种催芽，每亩用种量约 50 克。先将种子淘洗干净后，放入冰箱冷藏室，5℃冷水浸 15～18 小时，处理后的种子放在通风透光凉爽处（15～20℃）保湿见光催芽，每天早晚各用凉水洗一次，待 50% 左右种子发芽后撒播。

②播种。苗床地选择地势较高、排灌方便、土质疏松、肥沃的沙壤土，播前施足腐熟底肥，作畦连沟宽 1.5 米，畦沟深 30～35 厘米，在畦面上撒上一定量腐熟有机肥和少量复合肥，浅翻耙碎、整平。

③苗期管理。播后根据温度畦面覆盖 1～2 层遮阳网，出苗后将遮阳网改成小拱棚覆盖，注意早揭晚盖。畦面要保持湿润，一般每天浇一小水或灌半沟水，直到苗出齐。间苗移栽前，可追施 0.2%～0.3% 的硫酸钾复合肥，并撤除所有内覆盖物，以利于秧苗锻炼。用 25% 吡唑醚菌酯乳油剂 2 000 倍液、20% 烯肟菌胺·戊唑醇悬浮剂 1 500 倍液和 10% 吡虫啉可湿性粉剂 2 000 倍液防治叶斑病和蚜虫。

④移栽。设施 6 米标准棚作 4 畦，8 米标准棚作 5 畦，本芹密植栽培行株距均为 8 厘米，西芹株距 25 厘米，亩栽 6 000 株。

（4）田间管理。

①查苗补缺。萝卜出苗后要及时破膜引苗，查苗补苗，待 2～3 片真叶时进行间苗，"大破肚"时定苗。黄瓜、豇豆在真叶展开时要及时查苗补缺，去除弱苗，保留壮苗。芹菜移栽后

要及时查苗,发现个别生长势弱的要剔除并及时补上健壮的秧苗。

②温度管理。早春温度低,萝卜生长前期以保温为主,生长后期气温回升,应及时通风降温,白天温度保持在 20～25℃,夜间在 15℃左右。黄瓜苗期白天棚温保持在 25～30℃,夜间保持在 15～20℃,并加强通风排湿;结瓜期棚温白天控制在 25℃左右,夜间 12～18℃。冬芹移栽后生长温度偏低,及时覆盖大棚膜升温促生长。

③肥水管理。萝卜露肩和播后 1 个半月左右各追肥 1 次,每次每亩施复合肥 25 千克,随水浇施,保持土壤湿润。黄瓜根瓜坐稳后加强水肥管理,结合浇水每亩追施尿素 15 千克,结果盛期后,每隔 7～10 天结合浇水追肥 1 次,每次亩施尿素或复合肥 10～15 千克,同时叶面喷施 0.3% 的磷酸二氢钾。豇豆幼苗 2～3 张真叶时,依苗情每亩需追施 2.5～5 千克尿素。开花坐荚前控水控肥,坐荚后每隔 5～7 天浇一次小水,花荚盛期结合浇水每亩追施复合肥 25 千克。芹菜移栽后 5～7 天,幼苗长出新根,及时追肥,每亩施复合肥 7.5～10 千克,芹菜叶直立时,每亩施复合肥 10～15 千克,后视长势情况,喷 0.2% 磷酸二氢钾进行叶面追肥。芹菜需水量较大,还苗后至旺长期需在傍晚 3～4 天灌一次水。

④植株调整。黄瓜瓜蔓 25～30 厘米及时搭架绑蔓,一畦两行架成"x"形,架高 1.8 米左右。每隔 3～4 个叶蔓和架竿绑成"8"字形,绑蔓宜在下午进行。主蔓长到架顶时及时摘心,结合绑蔓,及时摘除根瓜下部所有侧蔓。生长后期将黄叶、重病叶摘除,以利于通风透光,每株需保留 30 片叶以上。豇豆需人工辅助逆时针缠绕上架,生长过程需 3～4 次。满架后应时打顶,利用清晨茎嫩之时,以细竹抽打顶端枝蔓 2～3 次。

⑤病虫害防治。春萝卜主要病虫害为黑腐病、软腐病、霜

霉病、蚜虫、小菜蛾等，防治方法见本章第三节。黄瓜主要病虫害为霜霉病、细菌性角斑病、白粉病、蚜虫、白粉虱等。霜霉病可用80％代森锰锌可湿性粉剂600～700倍液或72％霜脲·锰锌可湿性粉剂600倍液防治；细菌性角斑病可用50％琥乙膦铝（DTM）可湿性粉剂500倍液或77％可杀得可湿性粉剂800倍液在发病初期喷雾防治；白粉病可用35％氟菌·戊唑醇胶悬剂1 500倍液或42.4％唑醚·氟酰胺胶悬剂3 500倍液在发病初期防治；蚜虫可用22％氟啶虫胺腈胶悬剂1 500倍液或70％吡虫啉水分散颗粒剂6 000倍液在发病初期使用；白粉虱可用24％螺虫乙酯胶悬剂1 500倍液或22％氟啶虫胺腈胶悬剂1 500倍液喷雾防治。豇豆主要病虫害为炭疽病、豆野螟、斜纹夜蛾、甜菜夜蛾等。炭疽病可用25％吡唑醚菌酯乳油剂2 000倍液或10％苯醚甲环唑水分散颗粒剂800倍液防治；豆野螟可用5％氯虫苯甲酰胺胶悬剂1 000倍液或15％茚虫威胶悬剂3 500倍液防治；斜纹夜蛾、甜菜夜蛾可用240克/升甲氧虫酰肼胶悬剂3 000倍液或5％虱螨脲乳油剂1 000倍液防治。芹菜主要病虫害为根结线虫病、叶斑病、蚜虫等。根结线虫病可用6％阿维菌素微乳剂3 000倍液或41.7％氟吡菌酰胺胶悬剂10 000～15 000倍液定植初期浇根防治；叶斑病可用50％异菌脲可湿性粉剂1 000倍液或30％醚菌酯悬浮剂2 000倍液防治；蚜虫防治同黄瓜。

（5）采收。萝卜充分膨大后及时采收上市。采收时，叶柄部留3～4厘米后切断，清洗干净后整齐装袋，及时运销。黄瓜盛瓜期每日可采收，花开始谢时即可采收，用小刀或剪刀割断瓜柄，轻拿轻放。豇豆采收要及时，特别是基部的豇豆要及时摘除，采收以早晨或上午为好，注意不要损伤后续花序，以增加结荚数，提高产量。芹菜植株在35厘米以上时，可根据市场行情及时采收。采收时，将整株芹菜连根拔起，去除黄叶烂叶、洗去根部泥土。

四、鲜食玉米-鲜食玉米-萝卜栽培模式

1. 品种选择　春玉米选择生育期短、苗期耐低温、耐阴、耐湿能力较强的品种，如苏玉糯 2 号；夏玉米选择生长势强、耐高温干旱、吐丝集中，抽雄散粉期长的品种，如金冠 218 等；萝卜选用抗病性和抗倒性强，适应性广的一刀种。

2. 茬口安排　春玉米 2 月中下旬播种，6 月中旬采收；夏玉米 6 月中下旬播种，9 月上中旬采收；萝卜 9 月下旬播种，12 月下旬至翌年 1 月采收。

3. 主要栽培技术

（1）整地施肥。结合整地，玉米每亩施腐熟有机肥 1 500 千克、尿素 10 千克、复合肥 50 千克。萝卜每亩施优质有机肥 2 000 千克、复合肥 10～15 千克、过磷酸钙 15 千克、硫酸钾 10 千克、硼砂 1 千克左右，在翻耕整地时施入，畦宽（连沟）130 厘米。

（2）播种。

①育苗。春玉米种子需催芽后播种，播于育苗盘或营养钵中，播后覆地膜，搭小拱棚，晚上加盖草帘或无纺布等进行保温，幼苗长至 2 叶 1 心时进行假植。夏玉米浸种后直播，萝卜采用条播或撒播方式。

②合理密植。玉米幼苗 3 叶期，选壮苗进行移栽，每畦种 2 行，蛇形排列挖穴移栽，穴距 20～23 厘米，亩栽 4 000～4 500 株；夏玉米每畦种 1 行，穴距 20～23 厘米，亩栽 2 000～2 300 株；萝卜采用条播，每畦种 4 行，用种每亩 1 千克左右；采用撒播，每亩 1.5 千克左右。

（3）田间管理。

①间苗定苗。玉米根据穗型，每株留 1 穗，其余掰除；萝卜间苗 2 次，在 1 叶 1 心时进行第一次间苗，在 2 叶 1 心时进行第二次间苗，去除弱苗、病苗、畸形苗和不具备原品种特性

的杂苗，根破肚时定苗，每亩 22 000～25 000 株。

②肥水管理。玉米在增施有机肥的前提下，应重施基苗肥和适当早施穗肥。一般基苗肥的比例为 70％，穗肥为 30％。当气温稳定在 20℃ 以上时，应及时揭膜、松土除草、追肥。追肥要以有机肥为主、氮肥为辅；萝卜在苗期每亩施尿素 5 千克，在生长盛期每亩施复合肥 10～15 千克，后视生长情况合理追肥，收获前 20 天停止施肥。

③病虫害防治。玉米主要病虫害有顶腐病、大小叶斑病、锈病、玉米螟、黏虫等。顶腐病在发病初期用 58％甲霜灵·锰锌可湿性粉剂 600 倍液，或 70％甲基硫菌灵 700 倍液，或 50％多菌灵可湿性粉剂 500 倍液喷雾防治；大小叶斑病可用甲基托布津 1 000 倍液或 25％凯润乳油喷雾预防防治；玉米螟和黏虫采用杀螟松和三唑磷交替喷雾 2 次，病虫害防治重在抽穗期前。萝卜主要病虫害为软腐病、病毒病、蚜虫、菜青虫、黄条跳甲、猿叶虫、地下害虫等。软腐病可用 20％噻菌酮胶悬剂 500 倍液，或 8％宁南霉素水剂 800～1 000 倍液喷雾防治；病毒病可用 20％吗啉胍·乙铜可湿性粉剂 800 倍液，或 10％吗啉胍·羟烯水剂 1 000 倍液喷雾防治；蚜虫可用 22％氟啶虫胺腈胶悬剂 1 500 倍液，或 70％吡虫啉水分散颗粒剂 6 000 倍液喷雾防治；菜青虫可用 5％氯虫苯甲酰胺胶悬剂 1 000 倍液，或 10％溴氰虫酰胺油悬浮剂 2 000 倍液防治；黄条跳甲、猿叶虫可用 60％吡虫啉悬浮种衣剂 10 毫升，或 10％溴氰虫酰胺油悬浮剂 750 倍液防治；地下害虫可用 0.2％联苯菊酯颗粒剂 5 千克，或 1％联苯·噻虫胺颗粒剂 3～4 千克拌土行侧开沟施药或撒施。

（4）采收。适时采收是保证玉米品质的关键环节。玉米春播一般在吐丝后 20～25 天收获，夏播在吐丝后 30～35 天收获。果穗花丝呈黑褐色，籽粒呈乳熟状采收为宜。采摘后，应及时速冻保鲜或上市销售。萝卜以种植 90～100 天收获为宜。

第五章 雪 菜

第一节 起源与历史演绎

雪菜，别名雪里蕻、九头芥、烧菜、排菜、香青菜、春不老、霜不老、飘儿菜、塌棵菜、雪里翁等，是被子植物门十字花科芸薹属植物。经史料推测，它的祖先是由芥菜演变而来。芥菜这一物种在公元前 6 世纪以前仅形成单纯利用其种子作调味品的类型，公元前 6 世纪以后，在人类有意识地参与及栽培下，芥菜不断地变异、演化与发展，产生了至今较多变异品种，雪菜就是芥菜中分蘖芥的一个变种。新鲜的雪菜生活习性喜寒凉，菜色为翠绿色，闻之有香味，咀嚼有松脆感，吃起来带有较强的辛辣味，口味差，需经腌制产生风味独特、鲜香可口的咸菜才可食用。

宁波地区民间栽培、腌制雪菜已有 1 000 多年历史。有资料记载，最早见于明末诗人、鄞州人屠本畯所著的《野菜笺》中"四明有菜名雪里蕻（蕻）……诸菜冻欲死，此菜青青蕻尤美。"清人汪灏在他所著的《广群芳谱》中也写道："四明有菜，名雪里蕻。雪深诸菜冻损，此菜独青。"清光绪《鄞县志》中李邺嗣的《鄮东竹枝》词中也记有："翠绿新薤滴醋红，嗅来香气嚼来松，纵然金菜琅蔬好，不及我乡雪里蕻"等赞咏雪菜的诗句。

宁波雪菜在 20 世纪三四十年代，已销往东南亚的菲律宾、新加坡、马来西亚。90 年代后，随着国家经济发展，宁波咸齑从昔日的大缸腌制、提桶小卖，到后来的工厂化生产、流水线作业和产品软包装上市，为宁波咸菜市场发展开拓了新路，现跟随华人已走向世界各地。同时，雪菜腌制品的全面利用，不仅为咸菜加工企业带来了良好的经济效益，也改善了因生产而引起的当地环境污染。目前，邱隘咸齑腌制技艺已被列入宁波市第二批非物质文化遗产名录。

第二节　营养与保健价值

一、雪菜的营养价值

雪菜以叶柄和叶片食用，据测定，其营养价值很高，每百克鲜雪菜中有蛋白质 1.9 克，脂肪 0.4 克，碳水化合物 2.9 克，灰分 3.9 克，钙 73～235 毫克，磷 43～64 毫克，铁 1.1～3.4 毫克。并富含有人体正常生命活动所必需的胡萝卜素、硫胺素、核黄素、抗坏血酸及氨基酸等成分。氨基酸的成分达 16 种之多，其中尤以古氨酸（味精的鲜味成分）居多。所以，吃起来格外鲜美。而且，谷氨酸、甘氨酸和半胱氨酸合成的谷胱甘肽，是人体内一种极为重要的自由基清除剂，能增强人体的免疫功能。

盐渍加工后的雪菜被称为"咸菜"，用雪菜盐渍的"咸菜"，色泽鲜黄、香气浓郁、滋味清脆鲜美，故在宁波素有"咸鸡"之美称。"咸鸡"可炒、煮、烤、炖、蒸、拌或作配料、汤料、包馅均为上品；同时，由于"咸鸡"微酸，利于生津开胃，在炎夏酷暑，"咸鸡汤"是宁波人极为普通的家常汤料。但美中不足的是，雪菜盐渍过程中会由硝酸盐产生大量致癌物质亚硝酸盐，但硝酸盐的含量，因盐渍时间的长短会发生变化，有一个由低转高、由高转低的变化过程。据浙江万里学院杨性民、刘青梅教授研究，凡在良好的嫌气条件下，加盐 10％的，要在盐渍 40 天后取食才安全；而加盐 6％的，在 30 天后就可取食。同时，有研究表明，维生素 C 可减少亚硝酸盐的生成。因此，食用盐渍蔬菜，一要注意盐渍时间，二要在食用盐渍蔬菜的同时注意配合多吃些富含维生素 C 的蔬菜或水果等，以阻止亚硝酸盐的形成。国外研究表明，每千克的腌菜中加入 400 毫克维生素 C，这时亚硝酸盐在胃内细菌作用下产生亚硝胺的阻断率可达到 75.9%。

二、雪菜的保健价值

雪菜具有很好的食疗作用，它能醒脑提神、解毒消肿、开胃消食、明目利膈、宽肠通便，而且还有减肥作用。雪菜是具有减肥功效的绿色食物代表，它可促进排出积存废弃物，净化身体使之清爽干净。最近科学家还研究发现，雪菜有一定的抗癌作用，并将其列入抗癌效果最好的 20 种蔬菜之一，排行第 15 位。

第三节 生态特性及对环境条件的要求

一、雪菜的植物学特性

雪菜的根为直根系，主根较粗。移栽后，大量发生的侧根较细，且多分布于 30 厘米内的土层里，对水分和养分的吸收能力较强。

雪菜的茎为短缩茎，在营养生长前期极不明显，短缩在根茎上，但分蘖力较强，一般分枝几个到几十个。通过春化和光照阶段后，短缩茎伸长成为花茎，花茎上面着生花序。这种现象俗称为"抽薹"。

雪菜的叶为根出叶。先发生子叶，然后发生真叶，真叶互生在不明显的短缩茎上，没有节间。叶型随种类型不同而有差异，有椭圆、卵圆、倒卵圆、披针等形状，叶缘有不同程度的缺刻，呈锯齿状或基部有浅裂或深裂。叶色有深绿色、黄绿色、绿色、浅绿色、绿紫、紫色或紫红色。叶面平滑或微皱。

叶背有蜡粉或茸毛，叶柄或中肋扁平、箭秆状，或在叶柄上有不同羽状的突起。分蘖芥有许多腋芽。多数雪菜，叶片数都在百张以上，鄞雪 182 号雪菜多达 500 多张；一般多为倒卵形或倒披针形，叶脉中肋突出（叶柄背面有棱角）居多。叶面有的平滑、有的微皱。多数品种叶柄与叶面无蜡粉和刺毛，个别品种叶背略有蜡粉。叶脉多数为白色，个别品种紫红色。

雪菜的花为总状花序，完全花，花瓣 4 枚，黄色或白色，是十字花科的典型花冠，雄蕊 6 枚，4 长 2 短。雌蕊单生，子房上位，有 4 个密腺，属两性虫媒花，杂交力强。因此，在留种时特别要注意防止杂交变种。

雪菜的果实为细长角果，果实成熟时易开裂。每个角果中含有 10～20 粒种子，种子无胚乳，近似圆形，种皮颜色为红褐色或紫色。籽粒细小，千粒重 1 克左右，但也有例外，如香港的龙须雪菜籽粒较大。由于籽粒较小，种子储藏的养分不多，应在 −18℃ 以下低温干燥冷藏。在一般的储藏条件下，不得超过一年，否则发芽率极低，甚至不发芽。

二、雪菜的生长周期和阶段发育

（一）雪菜的生长周期

雪菜从播种到开花结籽，要经过营养生长和生殖生长两个生长时期。

1. 营养生长期

（1）发芽期。播种至初露子叶，称为"发芽期"。

雪菜种子发芽要经历以下几个过程：吸收水分→种子内部储藏物质转化→养分运转→呼吸代谢作用增强→胚根和胚轴开始生长→同化开始、种子发芽、子叶出土。

（2）幼苗期。从发芽露心至 5～6 张本叶的时期是雪菜的营养生长初期，一般称为"幼苗期"。雪菜苗期生长迅速，代谢旺盛，光合作用产生的物质几乎全部为根、茎、叶的生长所消耗。苗期生长好坏，对雪菜以后的生长发育影响很大。

雪菜幼苗期对土壤中的养分吸收的绝对量不多，但要求严格，氮、磷、钾三要素要全面。如缺少磷、钾肥，会引起徒长；苗期对不良环境的抗性差，但可塑性较强。

（3）分枝期。雪菜自5～6张本叶长成后，即进入生长盛期，逐渐产生分枝。这一时期是决定产量的关键时期，因此需要及时地补充大量养分。

2. 生殖生长期

（1）花芽分化期。花芽分化是雪菜由营养生长转入生殖生长后，在形态特征上的表现。雪菜通过阶段发育，生长点开始分化，生长点开始膨大、花蕾突起，萼片花瓣分化，这一时期称为花芽分化期。花芽分化后，雪菜的抗性下降，对恶劣天气和病虫害的抗性都减弱。

（2）抽薹开花期。这是生殖生长的重要时期，雪菜通过春化阶段完成花芽分化后，在长日照及较高温度条件下便进入抽薹开花。这一时期要求有较高的温度和通风透光条件，植株抗性较差，温度过高或过低都会引起落花。

（3）现荚结果期。现荚结果期是雪菜生殖生长后期，是形成种子的时期。

①胚胎发育期。从卵细胞受精开始到种子成熟，这一阶段是胚胎发育期。这个时期，种子和母体在同一个体中进行代谢作用，应使母体有良好的营养条件及光合作用，才能保证种子充实、健康发育。

②休眠期。雪菜种子成熟后，有一段短暂的休眠期。休眠的种子，代谢作用很低，如对种子干燥冷藏，可进一步降低代谢作用，延长种子寿命。

营养生长期和生殖生长期，并无绝对严格的界限。一般地说，在营养生长后期便开始生殖生长，这时营养生长期和生殖生长期出现了重叠。重叠时间的长短因品种而异，早熟品种花芽分化早，抽薹开花快，两个生长期的重叠时间相对较短；而迟熟品种花芽分化迟，抽薹开花慢，两个生长期重叠时间要长一些。

（二）雪菜的阶段发育

雪菜通过春化阶段对低温要求比较严格，试验表明，只有在 10℃以下的低温下才能通过春化阶段；光照阶段则要求有 8 小时/天以上的长日照，经历 20～30 天才能通过。只有通过春化阶段、光照阶段的雪菜，才会抽薹开花。

三、雪菜对环境条件的要求

（一）温度

雪菜喜冷凉、较耐寒的蔬菜，适宜生长温度为 15～25℃，10℃以下、30℃以上生长缓慢。对低温有一定适应能力，能耐 −5℃的低温，即使在雪地里也不会冻死。

雪菜种子的发芽温度，一般要求在 10℃以上，适宜出苗温度为 20～25℃。

（二）水分

雪菜生长较快，耗水量较多，从移栽到收获，耗水需 3～5 立方米/（亩·天）。幼苗期喜较湿润的环境，如过旱则生长不良，但过湿则易烂根与发病。在雪菜分蘖期，如水分不足，则雪菜分枝减少、茎难以增长增粗，植株组织硬化、纤维增多、品质变劣，影响加工质量；如水分过多，则土壤通透性差，易发生霉根，影响养分吸收，生长萎缩。

（三）光照

雪菜要求有较充足的光照，光照不足，会生长不良。尤其在雪菜抽薹期，更需要充足的光照，如光照不足，会严重影响产量。

（四）土壤

雪菜和高菜对土壤 pH 要求不严格。无论是酸性或是微碱性的土壤都能适应，但由于其根系发达且分布较浅，单位面积产量较高。因此，要求种植的土壤以土层深厚、土质肥沃、排水良好、保肥、保水力强的壤土或沙质壤土为好。但雪菜易受渍害，故低洼积水地不宜种植。

雪菜易感染芜菁花叶病毒病，因此要特别注意避免与十字花科作物连作，一般以水旱轮作为好。

第四节　品种类型与主要品种

一、雪菜主要品种类型

雪菜品种类型可以按叶色分为绿色、黄色、半黄色、紫色数种。不同色泽的雪菜所含的维生素种类及含量也不完全相同，因此有不同的营养价值。

绿色的雪菜给人的感觉是明媚、鲜嫩、味美，它同其他绿色蔬菜一样含有丰富的维生素 C、维生素 B_1、维生素 B_2、胡萝卜素及多种微量元素，对高血压及失眠有一定的治疗作用，并有益肝脏。

黄色雪菜同其他黄色蔬菜一样给人的感觉是清香脆嫩、爽口味甜，它富含维生素 E，能减少皮肤色斑，延缓衰老，对脾、胰等脏器有益，并能调节胃肠消化功能。黄色蔬菜中还含有丰富的 β-胡萝卜素，能调节上皮细胞生长和分化。富含维生素 E，能减少皮肤色斑，调节胃肠道消化功能，对脾、胰等脏器有益。

紫色雪菜同其他紫色蔬菜一样，富含花青素和维生素 P，食之味道浓郁，使人心情愉快。有调节神经和增加肾上腺分泌的功效。它能增强身体细胞之间的黏附力，提高微血管的强力，防止血管脆裂出血，保持血管的正常形态，因而有保护血管防止出血的作用，从而降低脑血管栓塞的概率，可以改善血液循环，对心血管疾病的防治有着良好的作用，对高血压、咯血、皮肤紫斑患者有裨益。花青素则是一种强抗氧化剂，有抗癌作用。

雪菜按叶形和边缘缺刻深浅区分，基本上可分为板叶型、花叶型、细叶型三大类型。

宁波、嘉兴、湖州地区推广的大多属于板叶型，如宁波市鄞州区普遍推广基本覆盖全区的鄞雪18号及在鄞雪18号基础上进一步筛选出来特高产品种鄞雪182、鄞雪361和宁波市农业科学研究院选育的杂交一代品种甬雪3号、甬雪4号；嘉兴市七星乡大面积推广的由上海金丝菜和上海加长种杂交所产生的变异后代新三号以及新选育的紫叶类型雪菜如紫雪1号、紫雪4号都属于板叶类型。

宁波镇海黄花叶、宁海花叶菜、临海花菜等属于花叶型。

绍兴地区的诸暨细叶雪菜（当地称辣芥）、嵊州细叶雪里蕻、天台雪菜、浦江雪菜、仙居雪菜、九头芥等则属于细叶类型。

二、主要推广品种

1. 鄞雪 182 该品种属板叶类型。由宁波市鄞州区雪菜开发研究中心、三丰可味食品有限公司合作选育，鄞雪18号品种是利用上海地方品种上海加长种作亲本育成的雪菜新品种，鄞雪182是鄞雪18号的变异株，经多年定向选育而成，在鄞州区已有较大面积种植，逐步取代了原来的鄞雪18号。该品种表现迟抽薹、多分枝，从播种到采收175天左右，耐寒性强、丰产性好，亩产可达8 000千克以上。对病毒病抗性强。其经济性状经测定：植株半直立，株高49厘米，开展度56厘米×57厘米，分枝61个，叶片数523片，叶片总长44厘米，纯叶片长23厘米，叶宽7.5厘米，叶柄长21厘米，柄宽0.5厘米，厚0.5厘米，叶色深绿，细长卵形，上部锯齿浅裂、中下部深裂。叶窄、柄细长、抽薹期较原鄞雪

18号迟一周左右，小区测试单株产量3.2千克/株，盐渍折率与加工折率均在75％以上。该品种生长势强，分枝性强，强耐芜菁花叶病毒病，丰产性好，加工性好，适宜在宁波等地秋冬种植。

2. 鄞雪361 该品种属板叶类型。由宁波市鄞州区雪菜开发研究中心、三丰可味食品有限公司合作选育。该品种是在原来由湖州半黄叶变异株鄞雪36号基础上选育而成。从播种到采收155天左右，耐寒性强、丰产性好，产量5 000千克以上。对病毒病抗性强。其经济性状经测定：植株半直立，株高49厘米，开展度65厘米×63厘米，分枝59个，叶片数429片，叶片总长45厘米，纯叶片长22厘米，叶宽7厘米，叶柄长23厘米，柄宽0.5厘米，厚0.3厘米，叶色金黄绿色，倒卵形，上部锯齿浅裂、中下部深裂。小区测试单株产量2.2千克/株，盐渍折率与加工折率均在75％以上。该品种生长势强，分蘖较强，对芜菁花叶病毒病的抗性远远强于原来的邱隘黄叶种，丰产性好，加工性好，适宜在宁波等地秋冬种植。

3. 甬雪3号 该品种由宁波市农业科学研究院蔬菜研究所育成的杂交一代，品种来源：07-50A×07-2-10-1-13-4-1。从播种至采收约105天。株形半直立，生长势强；株高50.5厘米，开展度97.6厘米×86.0厘米；叶浅绿色，倒披针，复锯齿，全裂，叶面微皱，有光泽，无蜡粉，刺毛少；最大叶叶长60.8厘米、叶宽14.4厘米，叶柄长25.2厘米、宽1.3厘米、厚0.8厘米；平均有效蘖数25个，蘖长60.1厘米，蘖粗2.4厘米，单株鲜重1.1千克。经浙江省农业科学院植物保护与微生物研究所鉴定抗病毒病。耐抽薹性中等，品质优良。栽培注意要点：处暑前后播种；亩种植5 000株左右；注意防止干旱和田间积水，防治软腐病，适期采收。该品种生长势强，分蘖较强，抗病毒病，丰产性好，加工性状较好，在宁波等地秋冬季适宜种植。

4. 甬雪 4 号　该品种由宁波市农业科学研究院蔬菜研究所育成杂交一代，品种来源：07－50A×上海金丝芥。株形开展，生长势强；株高 51.5 厘米，开展度 74.0 厘米×69.6 厘米；叶浅绿色，倒披针，复锯齿，浅裂，叶面微皱，有光泽，无蜡粉，刺毛少；最大叶叶长 60.8 厘米，宽 15.4 厘米；叶梗略圆，淡绿色，长 26.2 厘米，横径 1.1 厘米；平均侧芽数 27 个，单株鲜重 1.38 千克。加工品质优良。经浙江省农业科学院植物保护与微生物研究所鉴定抗病毒病。秋季播种至采收约 105 天。栽培注意事项：8 月中旬播种，亩种植 4 000 株左右。注意防止田间积水。审定意见：该品种属杂交种，生长势强，丰产性好，抗病毒病，加工品质较优，适宜在浙江地区秋冬季种植。

5. 紫雪 1 号　该品种是近年由宁波三丰可味食品有限公司和原鄞县雪菜开发研究中心退休人员合作开发的新一代雪菜品种，属板叶型，株高 52 厘米，开展度 80 厘米×69 厘米，分枝 47 个，叶片数 419 片，叶片总长 46 厘米，纯叶片长 25 厘米，叶宽 12 厘米，叶柄长 21 厘米，柄宽 0.7 厘米，厚 0.7 厘米，叶绿夹红筋，叶形细长，倒卵形，上部浅裂，基部深裂。单株重 2.2 千克/株、耐寒、抗病，全株紫红，富含花青素，亩产 5 000 千克左右。

第五节　高效栽培技术

雪菜是我国长江流域普遍栽培的冬春两季主要蔬菜。在江浙一带冬播春收的叫春菜，秋播冬收的叫冬菜，宁波滨海平原以春菜栽培为主。

一、春菜栽培

1. 品种选择　春菜应选择抽薹迟、分枝多、柄细叶窄、强耐或抗病毒病、粗纤维含低、腌制后色泽鲜黄、口感脆的优质高产品种。本章第四节所介绍的品种可作为首选对象，但不同地区因腌制习惯与腌制的目的有所区别。宁波、嘉兴、湖州地区以板叶型为主，绍兴地区以细叶型为主，台州地区则多采用花叶类型。宁波市农业科学研究院选育的甬雪系列因属杂交一代，不可留种。

2. 播种育苗　苗床应选 2～3 年内未种过十字花科蔬菜且远离十字花科蔬菜的地块，要求土壤疏松肥沃，地下水位低，有机质含量高，排灌方便。苗地要深翻细整，整成龟背形，畦宽 150 厘米左右。根据土壤肥力状况，每亩施入充分腐熟的有机肥 800～1 000 千克；用 50％辛硫磷 1 000 倍液喷洒畦面，预防地下害虫危害。同时，要做好种子处理，如风选、药剂拌种等。一般应根据当地茬口安排，于 9 月下旬至 10 月初尽早播种。播前先浇足底水，然后撒播，做到细播、匀播。一般每亩苗地播种量 150～250 克，但因视品种而异。播后盖细土，并盖上稻草等覆盖物降温保湿，有条件的可用遮阳网覆盖，出苗后要及时揭网，以免造成"高脚苗"。出苗后要及时间苗，保持苗距 2～3 厘米，待长到 3～4 片真叶时再间苗一次，保持苗距 6～7 厘米，每次间苗后要施一次淡肥水，促使根系与土壤紧密结合，促进秧苗苗壮生长。苗期要保持床土湿润，重视防治蚜虫，以减轻病毒病的感染。移栽前施好起身肥，做到"四带（带肥、带药、带土、带水）下田"。

3. 整地作畦、施足基肥　前作收获后，要及时清洁田园，清除残枝败叶，整地作畦，畦面整成龟背形。一般畦宽（连沟）1.5 米，采用深沟高畦，以利于排水。定植前 7～10 天结合深翻施入基肥，每亩施用商品有机肥 300～500 千克＋三元复合肥（N∶P_2O_5∶K_2O＝15∶15∶15）40～50 千克。提倡测土配方施肥，测土配方施肥可参照下述案例，因地制宜，根据当地土壤肥力与目标产量（根据不同品种确定）作适当调整。

4. 适时移栽 春雪菜一般应控制在幼苗具有 5～6 片真叶、苗龄 25～30 天左右移栽。移栽适期应因地制宜，一般以在 10 月下旬至 11 月初旬完成移栽为好，不可太迟。

5. 栽植密植和方法 密植程度应根据品种、各地不同的气候、传统习惯确定，一般行距 30～40 厘米，株距 25～30 厘米，每亩栽 5 000～6 000 株。特高产品种，因分枝旺盛，应稀植，可降至 3 000～4 000 株，不宜密栽。移栽时，要确保移栽质量。实践证明，移栽后成活快慢和生长好坏与定植质量有密切关系。因此，在移栽时要做到"四个带""七个要"。"四个带"是：带药、带肥、带水、带土；"七个要"是：一要拉绳开穴定位；二要施足塞根肥；三要防止伤根；四要大小苗分级、匀株密植；五要秧壮根直；六要深栽壅土壅实；七要边起苗、边移栽、边浇"落根水"。定植后，若遇干旱还应及时浇（灌）一次活根水，以促进成活。

6. 移栽后的大田间管理 雪菜移栽后 5～7 天进行田间查苗补苗。定植后半个月中耕 1 次，共进行 2～3 次，以去除杂草、防止板结、保水分、增加通透性、促进生长。

雪菜是叶用的蔬菜，施肥以氮肥为主，适当增施磷钾肥。追肥结合浇水进行，一般 3 次，肥料由淡到浓。还苗后，每亩用碳酸氢铵和过磷酸钙各 20～25 千克，1 月中旬每亩施三元复合肥 20～25 千克，2 月中旬每亩用尿素 25～30 千克。根据土壤肥力及长势酌情增减。采收前 20 天停止追肥，以免植株过嫩，不利腌制保存。冬春季如雨水较多，应注意开沟排水防渍害。

7. 病虫害防治 雪菜主要病害有病毒病、白锈病和软腐病。病毒病主要以农业综合防治为主，重点应抓好以下 4 条措施：一是选用抗病良种；二是要选好秧地，不要用疏松的旱地播种，如确实要用，必须在做好清理前茬残留物的基础上，用大水漫灌 3 天以上，然后放水搁燥翻耕；三是播种期间如遇气温偏高，可适当推迟播种；四是用防虫网隔离育苗，以减轻蚜虫危害。白锈病用58％甲霜·锰锌可湿性粉剂500倍液或64％杀毒矾可湿性粉剂500倍液喷雾防治。软腐病用噻菌铜悬浮剂或春雷霉素可湿性粉剂喷雾防治。

雪菜主要虫害有蚜虫、小菜蛾、菜青虫、甜菜夜蛾、小猿叶虫、蜗牛等。苗期与生长前期蚜虫可用10％吡虫啉2 500倍液喷雾，7～10天1次，防治1～2次；菜青虫、甜菜夜蛾用1％甲氨基阿维菌素苯甲酸盐1 500倍液防治；小菜蛾用5％氯虫苯甲酰胺悬浮剂1 000倍液防治；小猿叶虫用1.8％阿维与功夫复配剂1 500倍液兑水喷雾防治；黄条跳甲用48％福利星（噻虫胺）悬浮剂喷雾防治。蜗牛用密达进行诱杀。

8. 采收　品种不同抽薹时间也有先有后，本书推荐推广的雪菜品种，在宁波地区一般在3月25日至4月25日，暖冬年份、早抽薹的在3月20日至4月20日之间。雪菜适收标准是：薹长8～10厘米，最迟到薹叶相平时必须收获。过早采收，影响产量；过迟收获，品质不佳。

雪菜采收宜安排在晴天上午收割，收割时，应将每株雪菜的根部用刀削平除去外层的病叶、黄叶，然后使其基部朝上，叶、薹朝下倒覆在畦面上晒菜脱水。晒菜脱水的时间与程度根据天气情况，一般为4～6小时，以雪菜脱水占自重的30％，茎叶变软、折而不断为宜。

二、冬菜栽培

育苗地、大田栽培田地选择、品种选择、种子准备与处理与春菜栽培相同。

冬菜栽培的主要特点是生长季节温度较高，雪菜生长较快，同时病虫害如蚜虫危害也较严重。因此，在栽培技术上也必须采取对应措施。

1. 适当迟播　冬菜的播种期以8月下旬为宜，以避开高温，减轻病毒病的危害。但应因地制宜，视各地不同的气候条件、不同茬口、不同品种而有所差异。

2. 隔离育苗 播种前 1 天，苗床要浇足底水，播后覆盖遮阳网，以保湿降温防雷雨冲刷，保证一播全苗。出苗后及时搭好拱棚，覆盖银灰色防虫网防蚜虫，减轻病毒病危害。

3. 适时移栽 苗龄一般不超过 30 天。定植最好选择在晴天 15：00 后或阴天进行，做到"带药、带水、带肥、带土"栽种，栽后浇好定根水，以利于根系与土壤充分接触，提高成活率。

4. 合理密植 冬菜不会抽薹，而且生长期短于春菜，其栽培密度应比春菜稍高一些，但因品种不同也有所不同。如采用本书推荐的前述品种，一般畦宽（连沟）为 1.5 米，因品种不同可栽种 3～4 行，株距 25～30 厘米，亩栽 4 000～6 500 株。

5. 田间管理 定植后早晚要浇水，以利于成活。活棵后要及时追肥，掌握由稀到浓的原则。定植活棵后 10 天左右进行第一次追肥，每亩用碳酸氢铵 15～20 千克和过磷酸钙 15～20 千克兑水浇施；以后每隔 30～40 天进行第二次、第三次追肥，一般每亩用尿素 20～25 千克。11 月中下旬采收，采收前 20 天，务必停止追肥。

冬菜全生长期中，如遇持续天气干旱，应于傍晚时在畦沟中过水，然后及时放水排干，以免渍水引发根肿病。

6. 病虫害防治 冬菜病虫害防治与春菜病虫害防治一致。

7. 适时收获 雪菜秋冬栽培的生长期较短，除 30 天左右的苗龄外，本田生长期只有 60 天左右，多在小雪节气前后收获。但因冬菜不会抽薹，只要不遇冻害，其采收终止期不受限制。

第六章　高　菜

第一节　起源及其营养保健价值

据日本《新选字镜》和《延喜式》记载，高菜原产于中国四川，其祖先为"宽叶芥菜"，于 1904 年引入日本奈良县，改称"中国野菜"。后经选育，形成三池赤缩缅高菜、山形せぃさぃ、コブ高菜、结球高菜等十多个品种，目前其栽培已遍及日本各地，成为日本腌渍加工菜的主要品种。近年来，在中日蔬菜贸易中复引入中国，由于其品质风味比青菜、雪菜好，不仅细嫩化渣，而且回口微甜、产量高，冬春种植一般亩产可达 5 000 千克以上，可利用秧田种植，也可作为菜粮复种种植结构的一个组合品种。高菜已成为我国加工腌渍菜出口日本及东南亚国家的主要品种之一。

高菜富有营养且有一定的保健价值。据测定，高菜富含各种维生素和氨基酸，特别是花青素和维生素 P、维生素 K 含量较高。维生素 A、B 族维生素、维生素 C、维生素 D、胡萝卜素和膳食纤维素等都很齐全。据测定，每 100 克鲜菜含花青素 2.6 毫克、维生素 P 0.08 毫克、维生素 K 0.15 毫克、胡萝卜素 0.11 毫克、维生素 B_1 0.04 毫克、维生素 B_2 0.04 毫克、维生素 C 39 毫克、尼克酸 0.3 毫克、糖类 4%、蛋白质 1.3%、脂肪 0.3%、粗纤维 0.9%、钙 100 毫克、磷 56 毫克、铁 1.9 毫克。同时，由于叶色呈紫色，按照蔬菜营养的高低遵循着由深色到浅色的规律，其营养成分仅次于黑色蔬菜，而远远高于绿色、红色、黄色、白色的蔬菜。因此，高菜与其他紫色蔬菜一样，应归属于营养丰富的高档甲种蔬菜。

宁波地区自 20 世纪 90 年代引进三池赤缩缅高菜以来，种植规模不断扩大，仅余姚市就已达 670 公顷，高菜鲜菜平均亩产 5 000～6 000 千克，亩产值在 3 000 元以上。高菜已成为宁波市进行结构调整、发展出口加工蔬菜的品种之一。

第二节　生态特性及对环境条件的要求

一、植物学特性

高菜的根为直根系，主根较粗，须根发达，耐移植。移栽后，大量发生的侧根较细，且多分布于 30 厘米内的土层里，对水分和养分的吸收能力较强。栽培上注意表层肥水。

高菜的茎为短缩茎，在营养生长前期极不明显，短缩在根茎上，无分枝能力，通过春化和光照阶段后，短缩茎伸长抽薹开花；高菜真叶的生长为 2/5 或 3/8 型，叶柄扁宽肥厚而较长，横断面弧形，叶脉发达，叶背稍隆起，叶面皱缩；高菜的花为总状花序，花茎多分枝，花瓣 4 枚，黄色，是十字花科的典型花冠，雄蕊 6 枚，4 长 2 短。雌蕊单生，子房上位，有 4 个密腺，属两性虫媒花，杂交力强。因此，在留种时特别要注意防止杂交变种。

高菜的果实为细长角果，由二心皮构成，中央有假隔膜，分成两室，种子排成两列，果实成熟时易开裂。每个角果中含有 10～20 粒种子，种子无胚乳，近似圆形，种皮颜色为红褐色或紫色。籽粒细小，千粒重 1 克左右。由于籽粒较小，种子储藏的养分不多，应在 −18℃ 以下低温干燥冷藏。在一般的储藏条件下，不得超过一年，否则发芽率极低，甚至不发芽。

二、高菜的生育周期和阶段发育

高菜的生育周期包括营养生长期和生殖生长期。

1. 发芽期　自种子萌动至两片子叶展开，真叶显露。

2. 幼苗期　真叶显露至第一叶环形成。

3. 莲座期　第一叶环至第二叶环形成。

4. 产品器官形成期　叶柄加速伸长和增厚。

5. 开花结实期　经过第一年的冬季低温条件后，在第二年的春季长日照条件下抽薹开化结实。高菜冬性较强，不易抽薹开花。

高菜性喜冷凉湿润，生长适温 15～20℃，食用部分形成以 10～15℃为宜，在旬平均气温 20～22℃的条件下播种，3～4 天发芽出土，幼苗期 30 天左右。生长前中期耐霜冻能力相对较强，在−5～0℃的条件下，仅外叶受冻害，对生长影响不大；生长中后期，耐霜冻能力相对弱些，遇霜冻整株叶均可受冻害，其中以心叶受害更重，同时，心叶受冻害后易感软腐病等病害。

高菜从播种到开花结籽与雪菜一样，同样要经过营养生长和生殖生长两个阶段。

三、高菜对环境条件的要求

高菜与雪菜同为芥菜类植物，分布区域基本一样。凡能种植雪菜的区域，也能种植高菜；凡能种植高菜的地方，也一样能种植雪菜。它们对环境条件的要求也基本相同。

影响高菜生长发育的环境条件有温度、光照、水分、营养、土壤、空气、生物条件等。温度包括气温（空气温度）和地温；光照包括光照强度、光照时间、光质的组成；水分包括土壤水分（土壤湿度）和空气水分（空气湿度）；营养包括土壤里的矿质营养（氮、磷、钾、钙、镁、硫等大量元素和多种微量元素）和空气里的碳素营养（以二氧化碳的形式存在）；土壤的肥力、化学组成及土壤溶液的反应等对高菜的生长有很大的影响；空气包括风速、有毒气体的含量等；生物条件包括土壤微生物、病虫草害及蔬菜间的遮阳等。环境条件对高菜生长影响很大，其中只要有一个环节不符合要求，就会导致减产。

高菜对土壤的酸碱度（pH）要求不严格，但宜在肥沃的壤土、轻壤土、沙质土壤中栽培。喜大肥大水，尤其对氮肥要求较为敏感。轻度缺氮时，叶片发黄；重度缺乏时，植株停止生长，严重影响产量。高菜的食用器官是叶片，由于叶面积较大，蒸发量也相对较大，因此需水量较多。需选择灌水方便的地块栽培，同时，由于高菜不耐渍，栽植地应排水良好，田间不能积水。

第三节 品种类型与主要品种

一、品种类型

高菜与雪菜一样，均属芥菜，其祖先是从四川引入的宽柄大叶芥。大叶芥引入日本后，被称为"中国野菜"。因其植株高大，后来日本人就称其为"高菜"。由于人为因素的加入，通过选种和育种，宽柄大叶芥（即高菜）在形态上发生了变化，逐步形成了两大类型：一类是青高菜，青高菜较多地保留原有宽柄大叶芥的特征特性，但叶脉有红筋，叶肉稍有红斑，全株基本呈绿中透红；另一类是红高菜，红高菜叶脉呈红色，叶肉也含有较多紫红色色斑，全株基本呈红中泛绿。

二、主要品种

1. 三池赤缩缅高菜 产于日本三池县（今日本三山市）。植株直立，生长势强，株形紧凑，株高 55～60 厘米，叶长

30～35 厘米，商品叶 17～19 张，叶色浓绿，叶长 40～50 厘米，宽 20～30 厘米，叶面蜡质，有光泽、全缘、叶脉紫红色、稍皱缩、无茸毛。叶片和叶柄宽大，叶柄浅绿色，叶柄长30～35 厘米、宽 6～8 厘米，叶柄肉质厚，肉质叶柄与叶片之比为 2：1，是加工的主要构成部分；心薹高 5～8 厘米，有未展开心叶 4～5 张，淡黄色；平均单株净菜重 1.5～2.5 千克。耐寒、耐湿、抗病，抽薹晚。高菜纤维含量少，可鲜食，有其独特的辛香味，适宜腌渍加工，加工产品脆嫩可口，色泽金黄、味香，口感优于雪菜、白菜等腌渍菜。

2. 甬高 1 号　宁波市农业科学研究院新选育的高菜品种。植株直立，生长势强，株形紧凑，株高 50～55 厘米，叶长 32～36 厘米，商品叶 17～19 张，叶色浓绿，叶长 42～48 厘米，宽 20～30 厘米，叶面蜡质，有光泽、全缘、叶脉紫红色、稍皱缩、无茸毛。叶片和叶柄宽大，叶柄浅绿色，叶柄长30～35 厘米、宽 6～8 厘米，叶柄肉质厚，肉质叶柄与叶片之比为 2：1，是加工的主要构成部分；心薹高 5～8 厘米，有未展开心叶 4～5 张，淡黄色；平均单株净菜重 1.3～2.0 千克。耐寒、耐湿、抗病，抽薹晚。高菜纤维含量少，可鲜食，有其独特的辛香味，适宜腌渍加工，加工产品脆嫩可口。色泽金黄、味香，口感优于雪菜、白菜等腌渍菜。

3. 甬高 2 号　宁波市农业科学研究院新选育的高菜品种。属红高菜类型。株形较直立，株高约 52 厘米，开展度约 62 厘米×55 厘米，单株重约 1.48 千克。叶数约 22 片；叶全缘，叶面皱褶，有光泽、蜡粉少，无刺毛，正面叶脉紫红色；最大叶叶长约 54 厘米，宽约 28 厘米，叶柄长约 6 厘米、宽约 6 厘米、厚约 1 厘米；中肋淡绿色，有蜡粉，横断面弧形，长约 32 厘米、宽约 11 厘米、厚约 1 厘米，软叶率 0.4 左右。该品种耐寒性和冬性较强，田间表现软腐病较轻。丰产性较好，加工性状较好。亩产 5 000 千克左右。

第四节 高效栽培技术

高菜栽培的产地环境宜选择排灌方便、土地集中连片，要求有机质丰富、排水良好、沙壤和轻黏土。土壤中环境质量指标应符合《土壤环境质量 农用地土壤污染风险管控标准》（GB 15618）Ⅱ类或Ⅰ类标准要求。基地灌溉用水质量指标应符合《农田灌溉水质标准》（GB 5084）要求。环境空气质量指标应符合《环境空气质量标准》（GB 3095）一类功能区要求。

一、春菜

（一）育苗移栽

1. 播种育苗

（1）播期。春高菜播种期一般为 9 月底至 10 月初。在适期范围内适当迟播可减轻病毒病和冻害，有利于稳产。但播种期不能太迟，否则会缩短年前大田生育期，以小苗越冬不利于高菜春后生长，影响产量。播种期最迟不宜晚于 10 月10 日。

（2）精整苗床、施足基肥。苗床育苗地应选择未种过十字花科作物、地势高燥、土质疏松、水位低、排水方便、土壤肥沃、团粒结构好，便于带土移栽的沙壤土田块。苗床面积与大田面积比例为 1∶20。播前 1 个月，苗床翻耕晒白；播种前 7～10 天，结合整地每亩撒施三元复合肥 20～25 千克或有机复合肥 50 千克（或亩施腐熟有机肥 1 500 千克、三元复合肥 20～25 千克），辛硫磷颗粒剂 2～3 千克。然后整地，南北向作垄，畦宽 1.1 米，沟宽 0.4 米，沟深 0.3 米，做到深沟高畦，畦沟、腰沟相通。苗床土要求下粗上细，畦面整平、整细、整匀。

（3）播种。①床土处理。播前 1 天苗床浇足底水；播种时，选用 25％甲霜灵可湿性粉剂 500 倍液和 10％氯氰菊酯 800 倍液做土壤处理，以消毒灭菌杀灭地下害虫。②播种。播种要做到掺细土播匀，因高菜种子细小且用种量少，播种时可掺细土均匀撒播，每亩高菜用种量 0.025 千克，播种后覆盖细土或草木灰 0.3～0.5 厘米。并在发芽前，选用 70％金都尔乳油 20 毫升加水 15 千克喷雾畦面，封杀苗床杂草。

（4）播后管理。①防虫。搭建小拱棚，并采用 30～40 目防虫网覆盖，以避免蚜虫危害，减少病毒病发生。防虫网要用细绳子加固，接地部分用土压实，防止被大风吹掉，影响覆盖效果。②保湿、间苗。出苗后，注意浇水保湿。幼苗 1～2 片真叶时，及时间苗、删苗，保持苗距 3～5 厘米。幼苗 4～5 片真叶时，进行定苗，确保秧苗个体生长间距 6～8 厘米，间苗的同时拔除杂草。结合间苗，视苗情施 1～2 次 0.5％尿素或 0.5％三元复合肥液。幼苗前期生长缓慢，注意浇水，做到勤浇、少浇，不可大水漫灌。③防治病虫害。高菜苗期害虫主要有蚜虫、菜青虫和黄条跳甲，应及时防治工作。蚜虫和菜青虫选用 10％吡虫啉 1 500 倍液喷雾防治，黄条跳甲选用 10％氯氰菊酯 800 倍液喷雾防治，一般间隔 1 周防治 1 次，苗期防治 2～3 次。如遇多雨天气，选用 75％百菌清可湿性粉剂 800 倍液喷雾，预防病害的发生。

2. 移栽

（1）移栽前的准备。①起苗准备。移栽前 5～6 天，揭去防虫网进行炼苗。同时，每亩兑水浇施尿素 5 千克作为起身肥，并用 50％多菌灵 600～800 倍液、10％一遍净 2 000 倍液喷雾，带药起苗，增强植株抗性。②大田准备。滨海平原高菜种植同样忌连作，宜选用前作未种过十字花科蔬菜的田块种植。种植前，大田需精细翻耕，并结合深翻，每亩施腐熟堆（厩）肥 2 000～4 000 千克或商品有机肥 300～500 千克，三元

复合肥 15～20 千克，钙镁磷肥 30～40 千克，硼砂 1.0～1.5
千克作基肥。在定植前 10～15 天深耕细作，深沟高畦，沟底
平整，做成宽 1.3 米畦（连沟），畦高 30 厘米、沟宽 40 厘米，
畦直、面平。

（2）移栽的适期、移栽密度和方法。①移栽期。一般在
11 月上、中旬幼苗具 4～6 片真叶时定植，苗龄期 25 天左右。
定植过早，前期气温高、生长旺，冬季易受冻害而感软腐病等
病害；定植过迟，气温低，冬前生长慢，难以形成高产苗架。
②移栽密度。一般每畦栽种 2 行，株距 32～35 厘米或 40～45
厘米，行距 50 厘米，亩栽种 2 500～3 500 株。土质好、肥力
足的田块稀植，土质差、肥力较低的可适当密植。③移栽方
法。移栽前 1 天将苗床浇透水。抢晴天进行移栽，切忌冒雨湿
栽，避免栽后缓苗慢、发棵困难。选择无病虫健壮幼苗；栽苗
前进行分级，淘汰小苗、弱苗、病苗，留大苗定植，每穴 1
株，带土移栽。栽种后浇定根水，移栽后 5～7 天如遇连续干
旱天气，可在傍晚采用沟灌以提高成活率，灌水至半畦沟为
宜，同时进行查苗补缺。

3. 大田管理

（1）追肥。高菜是高产蔬菜，需肥量较大，要施足基肥，
适时追肥。追肥以氮肥为主，并适量增施磷、钾肥。第一次于
移栽成活后施用，一般可亩施复合肥 5 千克或配成 0.5%～
0.7% 尿素与 0.5%～0.7% 三元复合肥液每株浇施 0.3 千克。
第二次追肥于当年 12 月下旬封行前施用，此次施肥目的是促
苗健壮生长，提高抗寒力。因此，在增氮的基础上还需增施磷
钾肥料，一般可亩施复合肥 15～20 千克＋氯化钾 5 千克。第
三次追肥于翌年 2 月中旬施用，此时高菜已进入旺长阶段，为
促进其更健壮生长，增加产量，此次肥料必须重施，可亩施三
元复合肥 15～20 千克或尿素 25 千克＋氯化钾 5 千克。采收前
20～25 天停止施肥，防止硝酸盐含量超标。

（2）水分管理。整个生长期水分管理的原则是少雨时防止干旱，多雨时防止积水，做好"三沟"（边沟、腰沟、排水沟）配套，保证雨止畦沟干。叶片进入旺盛生长期后，要浇大水，间隔4～5天浇1次水，保持土面湿润。收获前5～7天停止浇水。

（3）中耕除草。冬前至翌年2月中旬期间，应进行中耕除草，结合中耕除草培土护根，有利于土壤通气和通风透光。中耕除草不宜太迟，否则不仅会因植株个体过大而不利于操作，且易造成植株创伤，导致软腐病等病菌或病毒感染。

4. 病虫害防治 高菜病虫害防治与雪菜病虫害防治一致。

5. 适时收获 3月底至4月初，高菜株高50～60厘米、薹高10厘米以下为采收适期。也可根据企业加工要求适时采收。过早采收，产量不高；过迟采收，高菜品质变差。

高菜收割宜选晴好天气上午露水干后进行，收割时要除去病叶、黄叶、烂叶，并用刀削平根茎，摊在田间晾晒2～4小时，让其失去部分水分。晒蔫脱水标准约20%，以减少机械损伤影响品质。晒蔫后，用草绳捆扎，送往指定的收购地点。

（二）直播栽培

高菜直播栽培的田块选择、大田整地要求与育苗移栽相同，但要求作畦更加精细。畦面要求土壤细碎、平整，深沟高畦，畦沟、腰沟、边沟"三沟"配套、沟沟相通，排灌方便。

1. 播前准备 高菜一般作春菜栽培。播种前，要对滨海栽培地进行翻耕晒垡、整地作畦，并结合整地施足基肥，基肥用量按照以下步骤确定：

（1）根据测土配方、目标产量确定总需肥量。

（2）根据总需肥量确定基肥用量。基肥一般占总需肥量的60%左右。如余姚滨海区域，按亩产4 000千克的产量目标，一般可普施25%的三元素复合肥75千克、腐熟农家有机肥

2 500～3 000 千克或商品有机肥 300～500 千克作基肥。

余姚滨海区域通常于 9 月开始翻耕、整地作畦，基肥开穴沟深施（8～10 厘米），以便在播种时，将种子与肥料隔开，防止烧苗。畦宽、沟宽、沟深与移栽的要求基本相仿，但畦面平整度要求高于移栽，畦面龟背形，土粒细碎。

2. 播种 10 月上中旬完成播种。播前按照 50 厘米×35 厘米行株距打孔，每畦 3 行，每穴播种子 3～5 粒，播后覆细干土或土杂肥掩盖，覆土厚度以 0.5 厘米为宜。为预防地下害虫危害，盖土中可按每亩用量 0.8～1 千克拌入晶体敌百虫药剂或亩用 10 毫升 48% 的乐斯本乳油进行防治。若播种时天旱地燥，可灌半沟跑马水，使之湿润畦面，然后即时排干。

3. 播后管理

（1）间苗、补苗、定苗。直播高菜 1 叶 1 心时进行第一次间苗，主要间去拥挤苗、弱小苗，对将来可以带土移栽的散生、稀疏苗尽量保留。3 叶 1 心时，利用阴天或傍晚带土补苗。移栽时，菜心要平畦面，主根要伸直，同时浇透返苗水。补苗一周后，进行第二次间苗（即定苗），每穴保留 1 株壮苗，每亩总苗数 3 000～3 500 株。

（2）追肥。追肥分 3 次进行：11 月上旬入冬后进行第一次追肥，一般可兑水亩施尿素 2.5 千克、氯化钾 5 千克，保证大部分苗以 6～8 片真叶越冬；翌年立春后，进行第二次追肥，此时高菜生长速度加快，需要补充较多的肥料，但又要注意倒春寒的影响，氮肥不可过量施用，一般每亩施尿素 5 千克、氯化钾 5 千克；2 月下旬进行第三次追肥，此次追肥要重，以满足高菜进入旺盛生长期的需要，一般可亩施尿素 10～15 千克、氯化钾 5 千克。

整个生育期，根据不同田块土壤肥力状况、不同苗情，用复合肥进行 2～3 次叶面喷肥。高菜收获前 20 天停止施肥。

（3）除草、中耕、培土。直播田杂草特别是禾本科杂草会大量发生。杂草要人工拔除，严禁使用除草剂。幼苗 2 叶 1 心前后、入冬前开春后，利用晴好天气先后进行 2 次中耕，除去阔叶杂草，改善土壤的通透性，并培土壅根（以不盖没菜心为原则），提高地温，确保高菜安全越冬。

（4）水分管理。高菜的生长需要湿润的土壤环境。如果天气干旱，要适时浇水，保证水分供给。但进入 11 月中旬以后应适当控制水分，进行蹲苗，以增强抗寒能力。开春后，雨水增多，要做好清沟沥水工作，防止渍害。

（5）病虫害防治。幼苗出土后，要经常查看病虫情况。冬前，主要害虫有蚜虫、菜青虫、黄曲条跳甲，特别是蚜虫，应及时用 10% 的一遍净 2 000 倍液防治，也可以用阿维菌素、乐斯本进行防治，尽可能降低病毒的感染率。翌年立春后，继续防治蚜虫。高菜病害一般可用 70% 的甲基硫菌灵 600～800 倍液或 75% 的百菌清 600 倍液防治。

（6）适时采收。3 月底至 4 月初，高菜薹座高达 8～10 厘米时，为采收适期。应选晴天进行收获，铲倒后晾晒 2～4 小时，剔除黄叶、削平根茎，打捆送往指定地点。

直播与育苗移栽相比，具有省工、省操作成本等诸多优点。但由于用种量较大，种子又来源于日本，种子价格昂贵，故目前推广面积不大，高菜种植多以育苗移栽为主。

二、冬菜

随着高菜精加工技术水平的不断提高，高菜生产和加工前景良好。但是，生产受栽培面积局限，其产量尚不能完全满足加工需求，生产上迫切需要将栽培方式从原来的每年种植 1 季变为种植 2 季。为此，宁波市农业科学研究院蔬菜研究所任锡亮、王毓洪等与宁波市鄞州三丰可味食品有限公司郭斯统等合作进行了高菜秋种冬收试验。

试验在宁波市鄞州滨海区域滨海蔬菜专业合作社生产基地

进行。试验共设 8 月 10 日、8 月 20 日和 8 月 30 日 3 个播种期处理，苗龄 30 天，移栽株行距 40 厘米×40 厘米，以 8 月 10 日播种的高菜为对照，小区面积 30 平方米，各小区随机排列，重复 3 次。试验田土质为壤土，土壤肥力较好，排灌较方便，前作为西瓜。

试验地所用基肥：硫酸钾型三元复合肥（N：P_2O_5：K_2O =15：15：15）40 千克，腐熟有机肥 1 000 千克。追肥：移栽后亩用尿素 5 千克，兑水 1 000 千克浇施定根肥。其他田间管理与大田生产相同。试验地于 2010 年 12 月 20 日采收。

试验结果表明：秋季高菜栽培对播种期要求较严格。播种太早，容易感染病毒病和抽薹，影响产量和质量。适当推迟播种期可以减轻病毒病和先期抽薹。宁波地区秋季高菜适宜于 8 月 20 日左右播种；高菜叶片的中肋占的比重越大，其加工适应性越好。本试验中 8 月 20 日播种的高菜，中肋长、宽、厚，商品性较好。高菜一般在 11 月下旬收获，12 月的霜冻容易造成高菜黄叶影响商品质量，故应根据天气及时采收。

在本次合作试验的同时，宁波市鄞州三丰可味食品有限公司对高菜秋种冬收进行了较大面积（数十亩）的生产考核，同样取得了成功。冬收高菜平均亩纯收效益（按 0.7 元/千克的收购价格折算）达到 2 639.74 元。他们得出的结论是："亩栽 3 000 株左右，用工少，病虫害少，田间管理简易，值得在生产上推广应用"。

第七章 蚕 豆

第一节 概 述

蚕豆别名胡豆、佛豆、罗汉豆等，属豆科蝶形花亚科巢菜属，为一年生或越年生作物。

一、历史与分布

蚕豆是世界上栽培最早的作物之一。据历史记载：5 000年前约旦已有蚕豆种植，4 000 前在地中海沿岸以及意大利和西班牙已经有蚕豆的栽培。目前世界上有 40 多个国家种植，分布地域遍及欧洲、西亚、远东和北美等地。

我国的蚕豆，系张骞在 2 000 多年前通西域时引入。主要分布在西南、华中、华东和长江流域等地区。

蚕豆历来是浙江省慈溪市的名特产。早在明《成化府志》（1468）已有记载，相传以浒山街道的界牌、百花庵和坎墩街道的潮塘一带所产的籽粒为最大。新中国成立以来，一直是慈溪市主要的冬季作物。20 世纪 80 年代前，慈溪市种植面积在30 万亩，80 年代后期在 20 万亩左右，2000 年后稳定在 13 万亩。目前主要分布在坎墩、崇寿、庵东及东部沿海一带。

二、生产意义

1. 蚕豆营养价值高，用途广 蚕豆鲜食味甜，细嫩，品质优。蛋白质的含量 25%～32%，最高可达 35%，远远高于粮食作物（大米、小麦、玉米）和肉禽类（牛、羊、猪、鸡、蛋），也高于菜豆类（毛豆、菜豆等）。还含有纤维及无机质11%，碳水化合物48%，脂肪1.68%，营养丰富。

蚕豆既可以作为粮食，又可作为蔬菜，鲜豆可加工出口。籽粒磨粉可制成粉皮、粉丝、豆酱、酱油和各种糕点。根、茎、叶又是牲畜极佳的饲料。此外，其茎、叶、花、荚、种皮及籽粒都有一定的药用价值。

2. 适合于间套作栽培，是理想的养地作物　蚕豆适应性广，易种植，好管理，投工少，适宜间种套作和宽窄行栽培。同时，由于蚕豆的根部有大量的根瘤菌着生，可固氮供给作物生长，在栽培过程中又有大量的落叶、残根等归还土壤，有利于提高土壤肥力、改良土壤结构。所以，蚕豆是省工、省肥的养地用地作物。

第二节　生长发育特性

一、根

根系由主根、侧根、根毛（根瘤）3部分组成。种子萌发时先长出1条胚根，而后成为主根，较为粗壮，入土深可达80～150厘米。侧根从主根上长出，靠近主根上部的侧根较长，越往下生长侧根越短。在一般栽培条件下，根系集中在30～50厘米的土层中。蚕豆根与根瘤菌共生，根瘤菌是好气性细菌，呈粉红色不规则的瘤块，适宜在地面以下15～20厘米处活动，具有固氮作用，能固定空气中的游离氮素，使其成为氮素化合物，供给蚕豆生长。所以，蚕豆的生长势与根瘤菌多少有一定的相关性。一般来说，茎秆粗壮、叶片宽大型的蚕豆其植株根部的根瘤菌较多。

二、茎

蚕豆茎是草质直立、中空多汁、呈4棱形、表面光滑无毛的茎秆，由节和节间组成。

每个分枝茎秆一般有 17～22 个节，节是叶柄在茎上的着生处，也是花荚和分枝的着生处，茎节的距离与品种及栽培技术（密度）有密切关系。

三、叶

叶为互生偶数羽状复叶，每个复叶由小叶、叶柄和叶托 3 部分组成。一般蚕豆有 4～10 个有效分枝，每个分枝有 17～22 张复叶。其中，2 叶形复叶 4～5 张，3 叶形以上的复叶 18 张左右。蚕豆结荚主要着生在 4～6 叶形的复叶处（也就是在第 6～17 节处），但以 6～12 节处结荚率最高，7 叶形以上复叶出现的花大多为无效花。出叶速度以前期和花荚期较慢，是因为前期气温偏低和后期养分主要供给生殖生长所需，使小叶生长缓慢或者停止之故。

四、花

蚕豆有无限开花的习性，在温湿度条件许可下，每个分枝节的叶腋都有花芽发生。其花为短总状花序。花朵聚生在花梗上形成花簇，每个花簇 2～9 朵小花，以 4～5 朵居多。有白色、红色和紫红色，在通常栽培条件下，1 株蚕豆能开 40～33 朵花，但脱落较多，一般成荚仅占总花蕾的 5%～10%。

蚕豆大多能自花授粉，开花时间较长。从 8：00 左右可持续到 17：00 左右，以中午前后开花最为集中，到傍晚花朵闭塞。开花顺序自下而上，全株开花 28～49 天。

五、种子

果实为荚果，每荚 2～3 粒。1 粒完整的蚕豆种子是由种皮、子叶、胚芽、胚茎、种脐、胚根组成。种皮内包含着 2 片肥大的子叶，子叶多为淡黄色，但也有少数品种的子叶为青绿色。子叶内富含蛋白质，是供幼苗出土及初生期生长的主要养分来源。种子的大小、色泽因品种而异，是鉴别品种种子纯度的标准之一。在低温干燥的条件下储存可保持 5～7 年，发芽率一般不会降低。

第三节　对环境条件的要求

一、土壤

蚕豆对土壤要求不严。但以富含有机质、保肥保水能力强、排水良好、透气性好的中性或微碱性（pH 8）的壤土为好。微碱性土壤可促进微生物和根瘤的活动，有利于根瘤正常发育和进行固氮作用。土壤过酸则会抑制根瘤菌的繁殖和生长发育，同时也会抑制土壤有机质中微生物的活动，严重的将会导致根瘤减少甚至造成根瘤菌的大量死亡。

二、温度

蚕豆性喜凉爽。不同的生育阶段对温度的要求不同。根据多年观察，蚕豆发芽最低温度为 3～4℃，在最适温度 10～15℃时播种到出苗需 7～10 天；出苗后幼苗能承受－3℃的低温，但低于－5℃时，地上部分就会受到冻害；有利于分枝的适宜温度在 6℃以上，第一次分枝高峰一般出现在 12 月底前；开花结荚至灌浆期温度以 15～25℃为宜，花期抗寒及抗高温的能力最弱，当日平均温度低于 6℃或高于 30℃时，现蕾开花都将受到很大影响。所以，一般早春的蕾、花和后期开的花都不易成荚，中部成荚较高。

三、水分

蚕豆对水分的要求较高，它既不耐旱又不耐渍，一生都需要湿润的土壤条件。不同品种、不同生长发育期对水分的要求

也不同。一般种子萌发必须吸收相当于种子本身重量的 1～
1.5 倍水才能发芽。因此，在种子萌芽期土壤中需有较多的水
分（土壤中含水量＞70％）才能保证蚕豆种子的发芽出苗。但
如果土壤水分过多又会引起烂种，降低出苗率。

苗期生长相对比较耐干旱，这时地上部生长缓慢，有利于
根系和根瘤的生长。此时若田间积水或地下水位过高，易造成
土壤透气性差，根系生长不良，造成烂根或根腐病引起死苗。
现蕾开花期是植株生长进入营养生长与生殖生长最旺盛的时
期，也是蚕豆一生的需水高峰期。此时期，根系从土壤中吸
收的水分既要供茎叶生长，又要供给现蕾开花。如果水分不
足，易造成花粉发育不良或花粉败育，结荚率低，籽粒饱满
度差。在干旱地区，当蚕豆进入开花结荚期时，就要及时进
行灌溉，保证蚕豆开花结荚对水分的需求。若长期阴雨，地
下水位过高会造成蚕豆根系腐烂，植株养分不足，导致花荚
脱落，产量下降。

四、光照

蚕豆是喜光长日照作物，整个生育期间需要有充足的阳
光，尤其是在开花至结荚期。如密度过高、套间作物之间互相
遮蔽、田间光照不足，常出现落花落荚。

第四节　主要品种

一、慈溪大白蚕

系慈溪市地方农家良种。全生育期 210 天左右，属大粒型
偏晚熟品种。

株高 115 厘米左右，单株分枝 4 个左右，结荚性好；籽粒
大宽而薄，呈阔薄型，色泽光洁；种皮青白色、百粒重 120 克
左右。

该品种品质佳，丰产性好，亩产干豆 150 千克以上。耐肥抗病，适宜间套作和水旱地轮作栽培。

二、慈溪大粒 1 号

系慈溪市种子公司于 2001 年选育而成的大粒蚕豆新品种。全生育期 210 天左右，摘鲜豆生育期 170 天左右。

株高 90 厘米左右；茎秆粗壮，呈青绿色；叶圆大而厚；单株分枝 5～10 个，单株结荚 20 个以上，以 3 粒荚为主，2～3 粒荚比例占 90％；籽粒特大（豆粒长 3 厘米，宽 2.5 厘米左右）肉质厚，鲜豆色泽呈青白色，百粒重在 450 克左右，80％以上的鲜豆粒符合出口质量标准。种豆皮浅褐色，百粒重 220 克左右。该品种结荚性、丰产性好，一般鲜豆荚亩产 1 000 千克左右、种豆 120 千克左右。耐肥、抗病（赤斑病、锈病）性好，适宜间套作和水旱地轮作栽培。

第五节　高效栽培技术

一、适时播种

1. 精选种子　播种前，首先必须挑选粒大、饱满度好、无破碎和无病害的籽粒作为生产用种子，并在播种前晒种 2～3 天，有利于提高种子的发芽率，确保全苗。

2. 播种期　慈溪市一般在霜降（10 月 20 日）前后播种。如果是暖冬，则可适当推迟播种；寒冬来得早的地区，可适当提前。

3. 播种量　蚕豆的播种量应根据种子籽粒的大小、种植模式和所需密度而定。根据慈溪生产实际，一般大白蚕播种为每亩 10 千克左右，慈溪大粒 1 号为每亩 6 千克左右。

4. 播种密度　蚕豆的亩产量是由单株的总荚数、粒数、百粒重三要素构成的。合理密植能充分发挥个体与群体的协调发展，有利于获得高产。如果栽培密度过大，就会造成植株间相互遮阳，导致病害加重、花荚大量的脱落，严重影响蚕豆产量。反之，密度过稀，虽然个体生长发育良好，但因群体不足，总荚粒数减少而影响蚕豆产量。慈溪市蚕豆以间套作为主，适宜密度一般为每亩 2 500～3 000（穴）左右。

5. 播种方法 蚕豆播种多采用开穴下种，播种深度为 5 厘米左右，每穴 1～2 粒（大粒种 1 粒，小粒种 2 粒），施入基肥（详见施肥技术）后覆土满孔。有的采用开沟条播，由于其深浅一致，播后盖细土，出苗整齐，出苗率高。

二、合理施肥

蚕豆一生所需氮量要超过小麦、水稻和玉米的 50%～100%。除此之外，对磷钾的需求也很大。据测试，形成 100 千克蚕豆籽粒需要从土壤中吸收氮素 4.5 千克、磷素 1.5 千克、钾素 2 千克。由于其所需的氮素主要由根瘤菌固氮供给，所以增施磷、钾肥增产显著。

1. 基肥 一般每亩用 20～25 千克过磷酸钙加 500 千克猪畜粪等有机肥料，拌匀堆闷 7 天后，随即穴施。

2. 苗肥 苗期因根瘤菌还没有完全形成，为促进壮苗和根瘤菌的快速形成，少数地力差的田块，在下雨前每亩撒施尿素 5 千克左右。

3. 结荚肥 开花结荚期是蚕豆一生中需肥量最多的时期，可在初花期结合中耕，每亩撒施三元复合肥 10 千克左右。群众称为"泼豆青"。

三、田间管理

1. 开沟排水及抗旱 蚕豆一生中要求田间土壤湿润。雨水过多会造成蚕豆根系发育不良，苗体瘦弱，病害加重，花荚脱落严重，影响产量。所以，雨后必须及时做好清沟排水工作。在播种至出苗期和开花结荚期，需水相对较多。因此，应根据天气情况，及时浇水抗旱。

2. 适时整枝打顶 适时整枝可增强通风透光强度，改善田间小气候，减轻病虫害的发生。一般在开春后 2 月上中旬，当蚕豆植株高达到 30 厘米左右，要及时剪去主茎和无效分枝（保留 5～7 个分枝）。打顶，可人为控制蚕豆无限生长的习性，减少养分消耗。一般在鲜豆荚收获前 15 天左右，选晴天露水干后进行。过早或过"狠"打顶对产量都会带来一定的影响。

四、病虫害防治

蚕豆的病害虫主要有轮纹斑病和褐斑病，虫害有蚜虫和豆象。

1. 轮纹斑病和褐斑病 主要危害蚕豆的茎叶和豆荚。叶部病斑呈椭圆形、圆形或不规则形，严重时会导致植株叶片脱落和植株枯死，影响蚕豆产量和品质。早春阴雨天气多、田间湿度大、温度适宜时就易发病，而且病菌传播也较快。

防治方法：一是开好田间排水沟，降低地下水位，控制田间湿度。二是合理密植，改善植株通风透光条件。三是药剂防治，在发病始期，用 200～250 倍波尔多液（即 0.5 千克硫酸铜，0.5 千克石灰加 50～165 千克水），进行喷雾防治，每隔 7 天防 1 次，连喷 3 次。

2. 蚜虫 蚜虫是蚕豆苗期的主要害虫之一。它不仅直接刺吸茎叶的汁液，而且被其侵入过的植株伤口还能成为病菌侵入的通道，是蚕豆病毒病传播的主要途径。

防治方法：可用 10％的吡虫啉或 50％辟蚜雾 2 000 倍液等药剂进行喷雾。

3. 豆象 豆象是蚕豆开花结荚期的主要虫害。成虫躲藏在蚕豆籽粒内和仓库屋角等地越冬，翌年春天蚕豆开花时飞入田间采食花粉和花瓣，等到花谢露出幼荚时即在嫩豆荚上产卵，7～10 天孵化，幼虫钻入豆荚进入豆粒，只在种皮上留下一个小黑点，这一黑点就是幼虫钻入豆粒时留下的痕迹。待幼虫长大，化蛹后变成成虫，咬破种皮飞出。成虫寿命可达 230天左右。

防治方法：生长期，可在蚕豆盛花期用 48％乐斯本或50％杀螟松乳油 1 000 倍液等药剂喷雾，连续防治 2 次，每次间隔 7 天，杀虫效果较好。进仓干豆，可用每立方米磷化铝 2片，密封熏蒸 3～4 天，杀虫效果可达 100％。但需注意熏蒸过的蚕豆，至少要敞开仓门，通风 10 天以上，方可食用。

五、采收

蚕豆采收，按用途有收干豆荚和收青豆（鲜豆）荚两种。干豆荚变干、荚壳深褐色时择晴天进行，并做好晒干、储藏工作。青豆荚采摘以豆荚微下垂时为好。

第八章 芋 艿

第一节 概　　述

奉化芋艿不仅是宁波市尤其是奉化市的传统优势农产品，而且是浙江省乃至全国闻名的特色农产品。芋艿常年种植面积1万余亩，产量约2万吨，产值5 000万元，2000年种植面积超过3万多亩。因奉化市特殊的地域环境气候和土壤条件，造就了营养丰富、品质佳、风味独特的芋艿，颇受广大消费者青睐，名声响彻海内外。1996年，时任国务院副总理姜春云在视察奉化时品尝奉化芋艿后称赞说："荔浦的芋头不错，奉化的芋艿头更好。"20世纪30年代流行的"跑过三关六码头，吃过奉化芋艿头"，不仅仅指的是见多识广，更是奉化芋艿声名远扬的佐证。在各届、各级政府的高度重视下，奉化芋艿产品、产业得到不断发展，参展芋艿产品多次获得省级乃至国家级优质农产品金奖、银奖。更为可喜的是，1996年奉化市获得了"中国芋艿头之乡"殊誉。2004年奉化芋艿获得了国家原产地标记注册，为奉化芋艿的发展打下了基础。

然而，囿于奉化芋艿生产受环境土壤条件和可耕作面积制约，作为优势经济作物的芋艿重茬栽培较为普遍，连作障碍问题及与之伴随的土壤变劣、病毒病加重、芋艿产量减少和品质下降的现象日益突出。加上奉化芋艿品种农户长期自留种造成的种性退化和病毒病感染以及栽培技术措施的不到位，严重影响了奉化芋艿产业的持续健康发展。而且，奉化芋艿的加工产业比较薄弱，相关的加工工艺或技术尚未过关，加工产品种类、花色太少，特别是上档次、具亮点、有特色的深加工产品缺乏，导致芋艿的利润空间和加工利用率均较低。即便是原料初加工（包括出口）也不稳定，市场效益波动大，农民收入没保障，芋艿产业应有的经济效益、社会效益、生态效益未能得到充分发挥。

奉化芋艿含有 18 种氨基酸，其中人体必需氨基酸 7 种，而且富含生理活性物质诸如水溶性多糖、花青苷类（胡萝卜苷）、甾醇类（豆甾醇、芸苔甾醇、β-谷甾醇）、软脂酸、维生素 B_1、维生素 B_2 和维生素 D 等，是 21 世纪不可多得的天然功能食品。

奉化芋艿有水芋和旱芋两大生态类型。水芋类有红梗水芋和绿梗水芋 2 个品种，旱芋类有奉化大芋艿、乌梗芋、青梗芋、香梗芋和姜芋 5 个品种。按球茎的分蘖习性来分类，奉化大芋艿和水芋品种属魁芋类型，其余品种均属多子芋类型（印敏，1991）。据罗秉伦（1990）对奉化芋艿分类，也划分为水芋和旱芋两类，水芋种于水田，有青茎、赤茎两种；旱芋种于旱地，也可种于水田，品种有乌脚箕、黄粉箕、红芋艿、香粳芋艿等。在这些品种中，栽培面积和规模最大的当数奉化大芋艿和乌梗芋艿。

奉化大芋艿又称奉化芋艿头、大芋艿等，是奉化芋艿中的魁首，也是奉化当地生产芋艿的主要栽培品种。主要分布于奉化的肖镇（今萧王庙镇）、大桥、溪口、舒家和尚桥（今西坞镇）等乡镇，但以肖镇的芋艿最有名（罗秉伦，1990）。随着行政区域的拆、扩、并，现今奉化芋艿主要分布区域为萧王庙街道、锦屏街道、江口街道、西坞街道、溪口镇、尚田镇等地。奉化大芋艿母芋个大，近圆形，单个重达 1.5 千克，最大可达 3.0 千克，每株着生子芋 15 个左右，孙芋和曾孙芋不多，单株母芋产量占 50% 以上，品质特性主要表现为个大皮薄、肉粉无筋、糯滑可口。其中，肉粉无筋和糯滑可口是区别于其他魁芋品种的主要特点。因母芋淀粉含量高、香味浓、味道鲜美、耐储藏运输，适宜加工成速冻芋片出口。其缺点是母芋产量低，一般亩产仅 1 000 千克左右，生育期长达 200 余天。

乌梗芋，又称乌脚鸡芋艿、乌脚箕，也是奉化芋艿主栽品种之一。属多子芋类型，子芋、孙芋、曾孙芋重叠着生，每株多达 40 余个。芋艿外观大而圆整，顶芽白色，肉质细滑。一般亩产 1 500 千克左右，适于加工成速冻芋出口。

然而，由于奉化芋艿长年连作和长期无性繁殖，奉化芋艿生产不可避免地存在一些诸如品种退化、产量和品质下降、病毒病发生严重等问题。

第二节　高效栽培技术

奉化市农业技术推广系统已有较多研究报道（印敏，1989、1991；项中坚等，1992；罗秉伦，1995；张华丰等，2004；郎进宝等，2004；宋承申等，2007），而且早在 1999 年奉化市根据多年的实践积累，摸索出奉化芋艿的土地条件、科学施肥、合理密植、综合防治和有机化栽培等一整套优质高产技术，制定了地方栽培技术规程和产品标准，并由奉化市质量技术监督局正式发布。外地诸如鄞县鄞江镇引进奉化芋艿品种后也做了一些试验观察和研究（唐明光等，2001a、2001b；庄如祥、周国定，2003），安徽省阜阳市引进奉化芋艿后则做了一些生物学特性观测和栽培技术研究（朱玉灵，2007a），并相应制定了一些栽培技术规程（朱玉灵，2007b）。江苏省南京市江宁区对香梗芋通过几年的试验示范也做了栽培技术总结（杨思根、李勇，2002）。江苏省如东县农产品质量检测中心则对多子芋类型的白梗芋（适宜地膜栽培）、红梗芋（适宜露地栽培）分别做了栽培技术规范（杨海鹰、孙建东，2007）。

1. 促早栽培技术　浙江省平阳县就地方品种平阳白梗芋

于 2003 年进行了大棚栽培促早熟高效生产试验探索，大棚栽培生育期 152 天，比双膜栽培（CK）172 天提早了 20 天。虽说产量略有下降，但由于上市早、价格高、销路好，经济效益反而比 CK 增加 1 倍（陈亲凯、吴学荣，2004）。江苏省海门市常年芋艿种植面积在 2 万亩左右。随着种植业结构调整，芋艿生产采用设施栽培的规模不断扩大。大棚早春栽培选用早熟高产的香沙芋艿，其质地细腻、干香可口、易酥不烂，通过几年探索形成了一套高效栽培技术体系（王银元，2004）。

2. 平衡施肥技术 平衡施肥问题也是芋艿优质高产的重要技术措施。山东农业大学园艺学院以莱阳孤芋为供试芋头品种，于 2002 年采用二次饱和 D - 最优设计，在过磷酸钙使用量（P_2O_5 150 千克/公顷）固定的前提下，研究了氮钾肥配施对芋艿产量和品质的影响，并建立了以氮、钾肥施用量为变量因子，芋艿产量和品质为目标函数的二元二次数学模型。模型解析表明，氮、钾肥对芋艿产量和品质均有显著影响，且钾肥的影响大于氮肥；氮、钾肥之间存在显著的交互效应。在氮（N）、钾（K_2O）施用量分别为 261.75 千克/公顷、757.50 千克/公顷以内，产量随施肥量的增加逐渐提高；超过此施用量，则产量下降。在本试验条件下，施肥量为 N 34.5～531.0 千克/公顷、K_2O 526.8～1 057.2 千克/公顷，芋艿产量可达30 000千克/公顷以上（宋春凤、徐坤，2004b）。同时，他们以莱阳孤芋为供试芋艿品种，就芋艿对氮磷钾吸收分配的规律进行了系统研究。结果表明，芋艿植株对钾的吸收最多，氮次之，磷最少，全生育期对氮磷钾的总吸收比例为 1：0.28：1.1。幼苗期和发棵前期氮磷钾主要分布在叶片和叶柄中，其中，氮以叶片中居多，而磷和钾则以叶柄中居多。发棵后期和球茎膨大期主要分配在芋艿球茎中，其中，氮磷的分配率为子芋大于孙芋，而钾则是孙芋中分配多于子芋（宋春凤、徐坤，2004c）。

浙江省农业科学院和绍兴市农业技术推广服务总站2002—2003年连续两年进行了早熟芋艿平衡施肥试验（范浩定等，2006）。推荐获得早熟芋艿高产、高效的施肥方案为 N 448.5 千克/公顷，P_2O_5 52.5 千克/公顷，K_2O 180～270 千克/公顷，$N：P_2O_5：K_2O$ 比例为 1：0.12：（0.40～0.60），并建议施用有机无机复合肥或有机肥与化肥配合施用，以获得更高的产量和效益。通过两年试验，平衡施肥处理获得 25～30 吨/公顷产量，吸收 N 134～149 千克/公顷，P_2O_5 36 千克/公顷，K_2O 160～185 千克/公顷，$N：P_2O_5：K_2O$ 比例为 1：（0.24～0.27）：（1.19～1.24），与试验中 OPT（全化肥、最佳）及 OPT 有机复肥（有机复肥、最佳）处理的施肥量相比，磷钾肥用量基本与吸收量相接近，氮肥施用量明显高于吸收量。研究结果与宋春凤等对芋艿氮磷钾吸收规律研究中提出的 1：0.28：1.1 相近（宋春凤、徐坤，2004c）。与施肥量相比，氮肥用量高于吸收量 1 倍以上，似乎表明氮肥施用量过大。但试验结果表明，减少氮肥用量则不能达到高产，可能早熟芋艿对供氮量的要求较高，但氮肥当季利用率偏低。

1999 年，奉化市农业技术推广服务总站在奉化萧王庙镇前葛村做了奉化芋艿肥效试验。试验设计为化肥（NPK_1）、有机肥＋化肥（$MNPK_1$，钾肥为 KCl）、有机肥＋化肥（$MNPK_2$，钾肥为 K_2SO_4）、有机肥＋化肥（MNP）4 个处理 3 次重复。得到了 4 点明确结论：①在施用等量有机肥和 N、P、K 的情况下，施用硫酸钾比施用氯化钾有显著增产作用，但母芋产量和品质差异不大；②有机肥结合 N、P、K 施用，比纯化肥（NPK）处理有显著或极显著增产作用；③影响芋艿产量和营养结构的主要因素首先是钾肥，能极显著增加芋艿总产量和母芋产量，提高母芋的蛋白质、氨基酸含量，明显改善母芋品质，其次是施用有机肥料，能显著增加芋艿产量，提高芋艿品质；④影响芋艿食用品质的主要肥料因素也首先是钾素，其次是有机肥。因为不施钾肥处理的肉质粗糙，有较多红筋，"煮不熟"现象明显；不施有机肥处理的肉质较粗，有红筋，有"煮不熟"现象（唐建海等，2001）。

3. 连作障碍 芋艿连作障碍问题研究报道极少。武汉市蔬菜研究所于1997—1999年研究了连作对芋艿产量构成因素的影响，结果发现，连作对芋艿的影响主要表现在母芋重、子芋平均重、子孙芋总重、芋艿总重等方面，连作后各性状值逐年减少，且差异达显著或极显著水平；对单株子芋和孙芋总重的影响较小，但仍呈减少趋势，对单株子芋和孙芋的数量影响不稳定，且差异不显著，子孙芋产量平均每年减少27.7%，总产量平均每年减少33.5%；连作第一年就受严重影响。2年后，其商品性大大减小（黄新芳等，2001）。

奉化市农业技术推广服务总站与浙江大学合作，于2007年探讨了芋艿残体降解物对土壤养分、芋艿生长、产量及品质的影响，供试土壤取自奉化市萧王庙镇塘湾村，土壤类型为水稻土（培泥沙田）。结果表明，在盆栽试验条件下，添加芋艿残体处理芋艿与对照（不添加芋艿残体）相比，株高和叶面积都有所增加；土壤碱解氮、速效钾、有效磷含量和土壤pH均有不同程度提高；添加芋艿残体可以提高芋艿产量15.4%～23.2%，也可提高芋艿品质。其中，维生素C含量提高3.6%，淀粉含量提高8.4%，粗脂肪含量提高20.0%。添加芋艿残体可以提高土壤养分含量，促进芋艿生长，提高球茎产量和品质。这从另外一个方面说明，芋艿残体有可能不是连作障碍的主要因素（邵雪玲等，2008）。

奉化市常年种植奉化芋艿面积在2万亩左右，最多时超过3万亩。虽说与水稻轮作可在一定程度上减轻连作障碍问题，但受可耕作面积制约。同时，由于种植业趋于区域化、专业化，作为优势经济作物的芋艿重茬栽培较为普遍，连作障碍问题及与之伴随的土壤变劣、病毒病加重、芋艿产量减少和品质下降的现象日益突出。因此，采取措施诸如通过增施有机肥或活性肥及平衡施肥来减轻连作障碍问题，将是十分重要和必要的。此外，引起芋艿连作障碍的主要因素究竟是什么，有待进一步试验和论证。

总之，奉化市农业技术推广服务总站在奉化芋艿栽培技术方面做了大量的综合性实践研究，为芋艿高产、优质、高效栽培奠定了技术基础。但应该看到，奉化芋艿的生产与现代农业发展的要求相比，尚存在一定的距离，诸如促早栽培、平衡施肥技术、最佳间作或轮作方式、克服连作障碍等关键技术，有待进一步探索和提高。因此，结合种植业结构的调整，建立和健全规模化、标准化栽培技术规范或技术体系，大幅度提高芋艿的产量和品质，从而提高经济效益，将是当前和今后工作的重点。

4. 病毒病与脱毒培养

（1）芋艿病毒病。芋艿病毒病研究在国内外有较多的报道。芋艿病毒病除了土壤连作障碍引起的病毒病加重因素外，其传染途径主要是由于长期无性繁殖造成的，其次是蚜虫、粉蚧传播。目前报道的芋艿病毒中分布最广、危害最大的是芋花叶病毒（*Dasheen mosaic virus*，DsMV），感染这种病毒的植株生活力降低，球茎大小、数量和品质下降，其产量损失接近60％，出现久煮不烂（即霜水）现象，严重影响芋艿的生产、出口以及品种的交换和种质资源的保存（柏新富等，2002a；Zettle F W，et al.，1987；Greber R S，et al.，1986；Hu J S，et al.，1994、1995）。由于长期无性繁殖分株、切割及摩擦加重了芋艿病毒病的蔓延和发展，导致我国芋艿产区已100％受芋花叶病毒侵染（杜红梅、黄丹枫，2002b）。

芋花叶病毒（DsMV）由 Zettler 等（1987）在美国佛罗里达州发现并确定为马铃薯 Y 病毒属 Potyvirus 的成员，可经种苗（种子）、机械或蚜虫媒介传播，对主要以无性繁殖为生产方式的植物具有潜在的威胁，认为天南星科栽培植物，特别是芋艿很可能无一例外地遭受 DsMV 的侵染。能侵染广东万年青属、海芋属、魔芋属、花叶芋属、芋属、花烛属、天南星属、隐棒花属、花叶万年青属、龟背竹属、喜林芋属、苞叶芋属和马蹄莲属等植物，寄主多达 16 属以上，病害遍及世界各地（Chen J，et al.，2001）。

　　一般而言，无病毒植株第一次遭受 DsMV 感染时病征通常较为轻微。然而，其种球第二年栽培后病势便逐渐加重，种球带毒植株发芽后不仅叶片花叶病征严重、叶部畸形，而且植株矮化，产量下降，芋艿实用性降低，失去商品价值。

　　浙江大学毛碧增等对芋艿病毒病的主要种类及其特征进行综述分析认为，芋艿病毒病主要为芋花叶病毒，其次为芋脉褪绿病毒、芋杆状病毒和芋羽状斑驳病毒（潘晓等，2006）。

　　（2）脱毒培养。在芋艿病毒病的防治方面，除了采取综合防治外，其根本途径是建立健康种苗生产体系。

　　早在 20 世纪 70 年代末，日本、美国、哥斯达黎加、菲律宾、巴布亚新几内亚等国的科学家先后研究了芋花叶病毒对芋艿产量的影响，并采用茎尖离体培养以及茎尖离体培养和热疗法相结合生产芋艿脱毒苗，在隔离条件下繁殖成一级、二级种球，供农户种植，可减少病毒病危害，提高产量和品质（潘晓等，2006）。在传统的芋花叶病高发区种植的脱毒芋苗，虽然部分重新感染病毒，但产量仍是不脱毒芋头的 7 倍多（Greber R S，et al.，1986）。

　　而我国在 20 世纪 90 年代初才开始做芋艿茎尖脱毒培养技术及脱毒种苗（种芋）后代增产效应研究。较早开展芋艿脱毒或少毒组织培养研究的是上海市农业科学院。芋艿脱毒工作主要采用茎尖培养方法，即剥取直径≤0.5 毫米、带 1～2 个叶原基的芋艿茎尖作为培养材料，同时保存已剥去一个茎尖的芋艿球茎作为对照观察材料。经 MS 培养基诱导愈伤组织、分化培养、壮苗长根，约需 90 天可获得完整的健康芋艿幼苗。其愈伤组织的分化成苗率比较高，繁殖系数可达 30。试管苗洗净根部黏附的培养基后，移植在人工营养土的营养钵中炼苗培育约 10 天，可定植到防虫隔离网室或大田，定植成活率可达 95％以上。茎尖再生植株在幼苗期的长势不及对照的球茎苗，中期可赶上球茎苗，后期长势则明显地较对照旺盛，且叶色较为清秀。他们用茎尖再生植株脱毒方法成功地获得了白梗芋、红梗芋等几个品种的芋艿脱毒苗，并取得了脱毒芋艿球茎（曹欢欢等，1990）。

奉化芋艿头研究所与浙江大学合作，开展了相关研究。奉化芋艿头研究所和滕头村植物组织培养中心，开展了芋艿茎尖脱毒、快速繁殖及脱毒种球原种一、二代生产技术探索性研究。在 MS＋6‐BA 2 毫克/升＋NAA 0.2 毫克/升培养基上培养奉化大芋艿茎尖，不定芽诱导率可达 75％，月增殖系数为 4 倍。若在上述培养基中添加芋艿汁、椰子汁等有机物则可实现不定芽继代繁殖和诱导生根一步完成，0.5～1 毫克/升的三十烷醇在壮苗过程中的应用进一步提高了芋艿苗的根数、根长、苗高和鲜重（詹忠根、徐程，2006）。据观察，脱毒芋试管苗直接栽培所结球茎较小，但球茎数量较多，从而使其产量也达到较高水平，且球茎数量多，为其后代产量的提高奠定了基础。从脱毒 1 代原种开始，脱毒芋在球茎个数、商品芋数量和产量等指标上均较未脱毒种芋有显著增加；脱毒 2 代原种也有类似效果。

但是，脱毒芋的增产潜力可保持多少代，栽培上应怎样充分发挥脱毒芋的增产潜力等问题还有待进一步研究。

第九章　药食同源特色蔬菜

　　人们自我保健的意识日益增强，既可防病又可当作菜用的药用蔬菜越来越受到广大消费者的青睐。但由于野生药用蔬菜产量低、上市量少，不足以满足消费者的需求。因此，大力开发和种植药用蔬菜，既可以扩大蔬菜供应品类，又可以丰富人们的"菜篮子"，满足消费升级需求，增加种植农户收入。适合南方地区种植的药用蔬菜种类有板蓝根、荠菜、蒲公英、马兰头、罗勒（金不换）等。

第一节　板　蓝　根

　　板蓝根（学名）别名大靛、菘兰、菘青、大青等，为十字花科二年生草本植物，是传统的名贵中草药材。根、叶入药，根入药称"板蓝根"，叶入药称"大青叶"。板蓝根性寒、味苦，具有良好的清热解毒、消肿利咽、凉血等功效，主要用于预防流行性腮腺炎、流行性感冒、咽喉肿痛等病症。板蓝根抗旱耐寒、适应性广，在我国各地都可以栽培。一般每公顷产干货板蓝根 3 750～5 200 千克，产干货大青叶 2 250～3 000 千克，每公顷产值可达到 2.4 万～3.3 万元。据全国市场调查，板蓝根年需求量约为 400 万千克，市场前景广阔。近两年来，市场对板蓝根的需求量增大，其经济效益大幅度提高，种植面积不断扩大。板蓝根栽培技术要点如下：

一、整地施肥

板蓝根是深根作物，适宜温暖湿润的气候，抗旱耐寒，怕涝，水浸后容易烂根，一般的土壤都可以种植。但是，最好选择土壤疏松、排水良好的地块种植。可以结合深翻整地合理施肥，每亩可以施商品有机肥3 000～4 000千克，高浓度三元复合肥15千克，生物钾肥4千克，均匀地撒到地内并深翻30厘米以上，再做成1米宽的平畦。这样有利于根部的生长，使根长得顺直、光滑和杈少。然后，选择适宜时间播种。

二、播种育苗

江南地区板蓝根种植一般2月中旬播种，3月底4月初定植。播种前，种子用40～50℃温水浸泡4小时左右后捞出，用草木灰拌匀。在畦面上开一条行距20厘米、深1.5厘米的浅沟，将种子均匀地撒在沟中，覆土1厘米左右，略微镇压，适当浇水保湿。温度适宜，7～10天即可出苗。一般每亩用种量为2～2.5千克。

三、田间管理

1. 间苗定苗　出苗后，当苗高7～8厘米时，按株距6～10厘米定苗。去弱留壮，缺苗补齐。当苗高10～12厘米时，结合中耕除草，按照株距6～9厘米、行距10～15厘米定苗。

2. 中耕除草　幼苗出土后浅耕，定苗后中耕。在杂草3～5叶时可以喷施精禾草克类化学除草剂，去除禾本科杂草，每亩用药40毫升兑水50千克喷雾。

3. 追肥浇水　收大青叶为主的，每年要追肥3次。第一次是定植后在行间开浅沟，每亩施入10～15千克尿素，及时浇水保湿。第二、三次是在收完大青叶以后追肥，为使植株生长健壮旺盛，可以用农家肥适当配施磷钾肥；收板蓝根为主的，在生长旺盛的时期不割大青叶，并且少施氮肥，适当配施磷钾肥和草木灰，以促进根部生长，提高产量。

四、防治病虫害

1. 主要病害及其防治方法

（1）霜霉病。该病在 3～4 月始发，在春夏梅雨季节尤其严重，主要危害板蓝根的叶部。病叶背面产生白色或灰白色霉状物，严重时叶鞘变成褐色，甚至枯萎。主要防治方法：排水降湿，控制氮肥用量。发病初期用 70％代森锰锌 500 倍液喷雾防治，或用杀毒矾 800 倍液喷雾防治，每隔 7～10 天一次，连喷 2～3 次。

（2）叶枯病。主要危害叶片，从叶尖或叶缘向内延伸，呈不规则黑褐色病斑迅速蔓延，至叶片枯死。在高温多雨季节发病严重。发病前期可用 50％多菌灵 1 000 倍液喷雾防治，每隔 7～10 天一次，连喷 2～3 次。该时期应多施磷钾肥。

（3）根腐病。5 月中下旬开始发生，6～7 月为盛期。常在高温多雨季节发生，雨水浸泡致根部腐烂，整株枯死。发病初期可用 50％多菌灵 1 000 倍液或甲基托布菌 1 000 倍液淋穴，并拔除残株。

2. 主要虫害及其防治方法　
菜粉蝶，俗称小菜蛾，主要危害叶片，5 月开始发生，尤以 6 月危害严重。可以用菊酯类农药喷雾防治。

五、收获加工

板蓝根如果作为蔬菜鲜食，可以采集鲜嫩的嫩梢。春播板蓝根在收根前可以收割 2 次叶子：第一次可在 6 月中旬，当苗高 20 厘米左右时从植株茎部距离地面 2 厘米处收割，有利于新叶的生长；第二次可在 8 月中下旬。高温天气不宜收割，以免引起成片死亡。收割的叶子晒干后即成药用的大青叶，以叶大、颜色墨绿、干净、少破碎、无霉味者为佳。板蓝根应在入冬前选择晴天采挖，挖时一定要深刨，避免刨断根部。起土后，去除泥土茎叶，摊开晒至七八成干以后，扎成小捆再晒至全干。以根条长直、粗壮均匀、坚实粉足为佳。

六、留种技术

春播板蓝根应在入冬前采挖，选择无病、健壮的根条按照株行距 30 厘米×40 厘米移栽到留种地里。留种地应选择避风、排水良好、阳光充足的地块。翌年发棵时加强肥水管理，于 6～7 月种子由黄转黑时，整株收割，晒干脱粒。收完种子的板蓝根已经木质化，不能再作药用。

第二节 荠　　菜

荠菜是一种人们喜爱的可食用野菜，几乎分布全国，全世界温带地区广布。野生，偶有栽培。生在山坡、田边及路旁。荠菜是双子叶植物纲十字花科荠属植物荠的通称，一年生或二年生草本，高 10～50 厘米，无毛、有单毛或分叉毛；茎直立，单一或从下部分枝。基生叶丛生呈莲座状，大头羽状分裂，顶裂片卵形至长圆形，侧裂片 3～8 对，长圆形至卵形，顶端渐尖，浅裂或有不规则粗锯齿或近全缘；茎生叶窄披针形或披针形，基部箭形，抱茎，边缘有缺刻或锯齿。总状花序顶生及腋生，萼片长圆形；花瓣白色，卵形，有短爪。短角果倒三角形或倒心状三角形，扁平，无毛，顶端微凹，裂瓣具网脉；种子2 行，长椭圆形，浅褐色。

作为药食两用植物，荠菜也具有很高的药用价值。有利尿、止血、清热、明目、消积功效；茎叶作蔬菜食用；种子含油 20%～30%，属干性油，供制油漆及肥皂用。荠菜栽培技术要点如下：

一、栽培季节

江南地区荠菜可分春、夏、秋三季栽培。春季栽培在 2 月下旬至 4 月下旬播种；夏季栽培在 7 月上旬至 8 月下旬播种；秋季栽培在 9 月上旬至 10 月上旬播种。

二、整地作畦

因为荠菜属于小众化蔬菜，一般用田埂、地头地边，大棚、温室的东西两侧进行栽培，很少连片大面积种植。种荠菜的地要选择肥沃、杂草少的地块，要求前茬没有种植过十字花科作物。播前亩施商品有机肥 1 500 千克、三元复合肥 30 千克、硫酸镁 1.5 千克、硼砂 5 千克，浅翻、耙细，作成平畦。荠菜播种时对地块的要求非常严格，要选择杂草较小的地块。畦面要整得细、平、软。土粒尽量整细，以防种子漏入深处，不易出苗。畦面宽 2 米，深沟高畦，以利于排灌。

三、适时播种

荠菜种子有休眠期，当年的新种子不宜利用，因未脱离休眠期，播后不易出苗。早秋播的芥菜如果采用当年采收的新籽，要设法打破种子休眠，通常以低温处理，用泥土层积法或在 2～7℃ 的低温冰箱中催芽，经 7～9 天种子开始萌动，即可播种。每亩春播需种子为 0.75～1 千克，夏播为 2～2.5 千克，秋播为 1～1.5 千克。

荠菜通常撒播，但要力求均匀，播种时可均匀地拌和 1～3 倍细土。播种后用脚轻轻地踩一遍，使种子与泥土紧密接触，以利于种子吸水，提早出苗。在夏季播种，可在播前 1～2 天浇湿畦面。为防止高温干旱造成出苗困难，播后用 75％ 遮阳网覆盖，可以降低土温，保持土壤湿度，防止雷阵雨侵蚀。

四、田间管理

播种后至出苗前，白天温度保持在 20～25℃，不高于 25℃，夜间 10～12℃，5～6 天即可出苗。出苗前后要小水勤浇或用喷壶向畦面洒水，以保持地面湿润。当幼苗长出 2～3 片真叶时，应及时进行第一次追肥，每亩随水冲施复合肥12～15 千克或经腐熟的稀人粪尿 1 500 千克；10～15 天后追施第二次肥；以后每采收 1 次就追肥 1 次，施肥量可适当增加；最后 1 次追肥宜在收获前 7～10 天进行。

五、防治病虫害

荠菜的主要病害是霜霉病，发病初期可用 64％杀毒矾 600 倍液或 72.2％普力克水剂 800 倍液喷雾防治。主要虫害是蚜虫，蚜虫危害后，荠菜叶片皱缩、呈黑绿色，失去食用价值。可在蚜虫危害初期或点片发生阶段，用 10％吡虫啉 1 000 倍液喷雾防治。在采收前 10 天停止用药。

六、适时采收

保护地栽培荠菜，在出苗后 40 天左右、植株长出 10～16 片叶时，可结合疏苗陆续进行采收。每 15～20 天采收 1 次，可采收 3～4 次，一般每亩产量为 2 000 千克左右。

第三节　蒲　公　英

蒲公英别名黄花地丁、婆婆丁、华花郎等，为菊科多年生草本植物。广泛生长于中低海拔地区的山坡草地、路边、田野、河滩。蒲公英根为圆锥形或纺锤形，入土较深，垂直生长。叶边缘有时具波状齿或羽状深裂，基部渐狭成叶柄，叶柄及主脉常带红紫色，花莛上部紫红色，密被蛛丝状白色长柔毛；头状花序，总苞钟状，瘦果暗褐色，长冠毛白色，花果期4～10月。头状花序，种子上有白色冠毛结成的绒球，花开后随风飘到新的地方孕育新生命。果为瘦果，种子细长，呈棒状，种皮与果皮不易分开，种子千粒重为0.80～0.86克。在低温下易生芽出苗，在高温下发芽困难。

蒲公英的营养成分极其丰富。含有多种微量元素，其含铁量之多列野菜之前茅。蒲公英不仅营养价值极其丰富，而且还具有一定的药用价值，可以治疗慢性气管炎、肝炎；味苦、甘、性寒，是清热解毒类中药，也是重要的消炎健胃药。蒲公英栽培技术要点如下：

一、整地施肥

选土质肥沃、地势平坦、通透性好、有机质含量高的壤土或沙壤土。结合深翻，亩施商品有机肥3 000千克、三元复合肥20千克。将土耙细、搂平，作成宽1.2米的畦。

二、育苗栽培

在春季蒲公英种子成熟后，于每天8：00～9：00露水未干之前采收好种子，晒干，弄掉冠毛，稍微风选一下，放置于阴凉通风处存放。

三、催芽

将种子用清水浸泡2小时后捞出，在15～20℃条件下保湿催芽（催芽温度不可超过25℃），否则发芽困难，甚至不发芽。经5～8天催芽，发芽率可达95%以上。此时可播种，也可不催芽进行直播。

四、播种

条播，播种量每平方米2～4克，上覆0.3～0.5厘米细土。一般 7 天左右出苗。

五、田间管理

出苗后松土促进生根，在 2～3 叶期定苗或分苗，株距5～8厘米，行距 10～15 厘米，一穴双株。也可不分苗直接于畦床上间苗，株距 5～8 厘米。行距 10～15 厘米。当蒲公英长到 6～7 叶期，进入莲座团棵期。因下部叶片平铺地面生长，所以要适当控水，更不可积水，以防烂叶。如果追肥，可随水追施腐熟农家肥。

进入冬季前，覆上塑料布。当室内温度增高后，一般当地温达 5～7℃、气温达 6～8℃时，幼苗渐渐开始生长。室温保持 10℃以上即可正常生长，生长最适温度为 10～20℃。温度太高不利于蒲公英生长，品质下降，容易老化，降低适口性。

六、肥水管理

蒲公英移栽结束后不要浇太多的水，防止徒长和倒伏，保持土壤湿润即可。在生长过程中，适当追施 1～2 次叶面肥，一般每平方米追施尿素 15 克、磷酸二氢钾 10 克。在每次采收完后，在畦面上施 1～2 厘米充分腐熟的厩肥，同时覆上一层地膜，做好保湿遮阳。

蒲公英发芽以后，进行培沙处理 3～5 次，每次培细沙 1 厘米厚。通过培沙处理除降低蒲公英苦味、减少纤维外，还可以增加其商品性，脆嫩、口感好。

七、防治病虫害

蒲公英栽培管理得当，很少发生病害，虫害发生也比较轻。如有蚜虫危害发生，可用烟剂熏蒸法来防治。

八、适时采收

当叶片长出沙面 8～10 厘米及以上时，就可以进行第一次收割出售。收割时，常沿地表下 1 厘米处水平下刀采收，地下根部保留。经过后期管理，20 天以后还可以再收割一次。如果管理得好，还可以收割第三次。每次采收后，在 2～3 天内不宜浇水，以防腐烂。

第四节　马　兰　头

马兰头别名红梗菜、鸡儿肠、田边菊、紫菊、竹节草、马兰菊等，属菊科马兰属多年生草本植物，广泛分布于亚洲东部及南部，野生马兰头生于路边、田野、山坡上，全国大部分地区均有分布，有红梗和青梗两种，均可食用，药用以红梗马兰头为佳。马兰头有凉血止血、清热利湿、解毒消肿的功效。在浙江吃马兰头等时鲜蔬菜，是取其"青"字，以合"清明"之"青"。在我国南北方均可种植。

马兰头在每年春、秋两季均能发芽，抽生新枝条，植株丛生，株高 30～60 厘米，茎直立，茎粗 0.5～0.7 厘米，叶互生，长 7 厘米，宽 2 厘米左右，边缘有疏粗齿或羽状浅裂，或微凹，叶脉明显，呈紫红色或深绿色。马兰头适应性强，喜冷凉湿润的气候，耐热、耐瘠、耐寒性极强，－7～－5℃也不致冻死。生长适温 15～20℃，低于 12℃或高于 20℃生长缓慢，气温高则不适宜生长，纤维多，品质差。种子发芽的适宜温度在 20℃左右，嫩叶嫩茎的采收期主要集中在 3～4 月。对土壤要求不严，以肥沃的土壤为好。对光照适应性广，生长期间晴天光照足，有利于植株生长。马兰头茎嫩叶肥，清香可口，清热降火，营养丰富，钾和钙含量较高，有益于人体健康，是江浙沪一带居民普遍食用的野生蔬菜。马兰头栽培技术要点如下：

一、整地施肥

在马兰头种植前，要及时进行田块翻耕，每亩施商品有机肥 2 500 千克、复合肥 50 千克，全耕层深施，整地筑成深沟高畦，畦宽 130～150 厘米，在畦面上横开浅沟，沟距 20～30 厘米，沟深 12～15 厘米。

二、播种育苗

如果采用种子播种，在 9 月进行。采用 72 孔穴盘育苗，基质可选用蛭石、草炭、小粒膨化珍珠岩，按 1∶1∶0.2 比例混合，保证营养、透气保湿。将基质填满穴盘，轻压盘内基质土即可播种。每穴播种 1～2 粒，每亩用种量 12～15 克。播后在盘面覆盖一层蛭石，以利于出苗。及时浇透水，浇水不要太急，避免冲走种子。播后每天上午浇 1 次水，棚内温度白天保持在 25～30℃，晚上保持在 20℃ 左右，空气相对湿度控制在 70%～85%。当温度超过 30℃ 或空气相对湿度超过 85% 时，都要打开塑料膜通风降湿。5～7 天种子出苗，出苗后每天上午浇水 1 次，促进苗快速生长。20 天左右，有些马兰头苗就会抽薹开花。经 30 天左右，马兰头长到约 30 厘米的高度，就可培育扦插苗。

三、培育扦插苗

扦插前准备基质和穴盘（同育苗），将穴盘孔内填满基质压实。准备扦插条，将马兰头主茎剪下，顶端保留 2～3 片叶，剪除其余叶片、分枝、花序。可以减少扦插苗的水分蒸发，提高成活率。底端剪成斜尖，扦插苗长 7～10 厘米，将扦插苗插入穴盘内，深 3 厘米左右。扦插后及时浇透水，每天上午浇 1 次，棚内温度白天 20～25℃，晚上 15℃ 左右，空气相对湿度 75%～85%，有利于扦插苗的生根。经 20 天左右，扦插苗长出须根，就可移入大棚定植。

四、分根繁殖

如果采用分根繁殖，入冬前，挖掘马兰头根，将马兰头根切段平铺在沟底，覆土后削平踏实。

五、田间管理

分根繁殖的马兰头，视土壤墒情，及时浇水追肥，促使植株健壮，加速地下根茎生长。当幼苗 2～3 片真叶时，进行第一次追肥，可施用腐熟的稀薄人粪尿，第二次追肥宜在采收前 1 周施入，以后每采收 1 次追肥 1 次。施肥量不宜过重，以氮肥（尿素）为主，配施磷钾肥。

六、防治病虫害

马兰头人工露地栽培很少发生病虫害，栽培时注意防治白粉病，可喷洒甲基托布津等杀菌剂。另外，为防治病虫害、提高马兰头品质，必须每年重栽 1 次。

七、及时采收

为了保证马兰头的质量，要视其生长情况适时采收，一般出苗后 30～40 天即可采摘幼苗。采收时，要挑大的摘，把小的留下来。马兰头生长迅速，一般每年可采收 5 次左右，每次每亩可采收 500～600 千克。

第五节 罗勒（金不换）

罗勒为唇形科植物，一年生草本植物，全体芳香，别名九层塔、金不换，是一种稀有的保健蔬菜。株高 20～60 厘米，叶淡绿色、对生，不耐寒，不耐旱，喜温暖潮湿环境；对土壤要求不严。罗勒全株入药，含挥发油，性味辛温，有疏风行气、化湿消食、活血解毒的功效。罗勒食用部分为嫩梢和嫩叶，可凉拌、做馅、炒食等，也可以作为炖肉的香料或者火锅配菜，香味独特，罗勒子可以提取罗勒精油。罗勒具有疏风补气、发汗解表、散瘀止痛、强化神经、去痰、健胃、美容养生、调经补血、增强人体免疫力等功效；对肾脏病、跌打损伤、湿疹、金钱癣、蛇伤、蚊虫叮咬、痤疮等具有一定的疗效。因其株形美观，叶色翠绿或紫红色，分枝多，种在路边及庭院中，既可美化环境又可驱避蚊蝇。

罗勒喜温暖湿润，耐热不耐寒，发芽适温 20～25℃，生长适温 20～30℃，温度低于 12.7℃ 叶片黄化，低于 10℃ 植株生长滞缓，且易抽生花穗。在炎热的季节，叶片易下垂，需注意补充水分。宜选择在土层深厚、疏松肥沃、pH 5.5～7.5 的土壤中种植。

罗勒品种繁多，有甜罗勒、紫罗勒、丁香罗勒、柠檬罗勒、疏柔毛罗勒等。其中，甜罗勒最受消费者欢迎，需求量最大。甜罗勒叶片亮绿色，株高 25～30 厘米，叶长 2.5～2.7 厘米，株形紧凑，分层较多，有利于调节采收期。罗勒（金不换）栽培技术要点如下：

一、整地施肥

罗勒是一种深根植物，入土可达 0.5～1.0 米。种植时，应选择排灌方便、肥沃疏松的沙质壤土地栽培，每亩施用商品有机肥 2 500 千克、磷酸二铵 30 千克作基肥，深翻、耙平、耙细，并作成宽 2.5 米平畦，便于管理、排灌。

二、种子处理

选择新鲜饱满种子，除去杂质和瘪粒，晴天晾晒 2～3 天，促进种子后熟，提高发芽率。播种前催芽，采用温汤浸种，可有效打破种子休眠，促进发芽、灭菌防病，增强种子抗性。罗勒种子浸种后，表面通常出现一层黏液，需用清水反复漂洗，并且用力搓洗，去掉种子表面黏液，可以促进发芽快而整齐。浸种后，将种子用湿毛巾或纱布盖好，放在 25℃ 左右环境下催芽。在催芽过程中，每天用清水漂洗 1 次，控净水分，去除种子萌发过程中产生的有毒气体，保持温度均衡，保证出芽整齐。催芽前期温度可略高，以促进出芽，70%～80%露白后温度要降至 3～5℃炼芽，使芽粗壮整齐。遇低温等特殊天气，可将种芽移到 5～10℃处，控制种芽生长，待播。

三、播种育苗

保护地可常年栽培，一般于 9 月上旬育苗，10 月初定植，12 月植株封行后即可陆续采收；露地春季栽培于 3 月中旬至 4 月初播种育苗，4 月下旬定植，5 月下旬以后陆续采收；夏秋栽培于 7 月育苗，8 月定植，9 月至下霜前采收。可采用条播或穴播，每亩播种 200～300 克。条播按行距 35 厘米开浅沟，均匀将种子或种芽撒入沟里，覆薄土，轻镇压；穴播按穴距 25 厘米开浅穴，播深 2 厘米，覆薄土，轻镇压。播后浇透水，可在地面覆盖一层稻草或者铺地膜，保持出苗期间土壤湿润。也可采用育苗移栽，播种方法同直播，苗高 10～15 厘米时炼苗，带土移栽至大田，移栽后轻镇压、浇水、缓苗。

四、田间管理

当罗勒苗株高 6～10 厘米时间苗、补苗，穴播每穴留苗 2～3 株，条播按 10 厘米左右留 1 株，按多间少补的原则，一般每亩留苗 1.5 万～1.8 万株。整个生育期结合中耕除草，浇水施肥 2～3 次。第一次在定苗后 10～20 天，浅耙表土，每亩施尿素 5 千克；第二次在 6 月上中旬、苗高 25 厘米左右时追肥 1 次，每亩追施尿素 5 千克；7 月上中旬，视罗勒长势情况施肥。罗勒幼苗期怕干旱，注意及时少量多次浇水。

五、防治病虫害

罗勒属于芳香植物，含有特殊气味，对一些害虫本身就有忌避作用。病害防治以预防为主，注意适度密植，加强田间管理，注意通风排灌、轮作倒茬。在合适环境或季节栽培罗勒，植株强壮，可抵御病害侵袭。罗勒食用时都是生食或短暂加热，不建议使用化学药剂防治病虫害。

六、适时采收

如果以采收鲜叶为目的，可在植株高 50～60 厘米采摘顶梢或嫩叶。既可以保证鲜嫩，也可以促进发叉分枝，以后分枝长到 20～30 厘米可再采摘 1 次。如采收全草为目的，可在7～8 月割取全草，摊晒于阴凉干燥处保存；如以采收种子为目的，可在 9～10 月种子成熟时收割全草，后熟几天，打下种子去除杂质。罗勒不耐储藏，采收后应立即上市。商品罗勒先清洗（水温 13～15℃最佳），随后置于 4.5～7℃下储藏。25℃以上的高温季节，采收后应立即入库，在 5℃环境中预冷，转送过程要用冰袋（或冰块）加泡沫塑料箱密封在 2～3℃冷链保温，以保持罗勒新鲜度和不失水。

第十章 观赏蔬菜

观赏蔬菜的研究与应用符合都市休闲农业"以满足城市消费者需求为主要目的"的主题,同时拓展了展示现代农业技术、联结农村与城市、绿化生活环境等功能。随着人口密集区的不断增加,绿地面积锐减,与此同时,随着人们生活质量的提高,绿化也逐渐成为一种人文需求,而城市中"见缝插绿"的空间越来越少。因此,在各种建筑屋顶或者居室露台开辟园林绿地,家庭园艺成为恢复绿地最有效、最直接的措施。观赏蔬菜在家庭园艺、城市建设类型的休闲农业中独具应用特色。

种植观赏蔬菜的目的是营造景观,吸引游人参观。因此,要求品种具有外形奇特、攀附性强、色彩丰富等特点。根据观赏蔬菜生长适应性和休闲农业中的应用效果,常用观赏蔬菜按其风格和神韵及观赏特征可分为以下3类:

1. 根茎类观赏蔬菜 此类观赏蔬菜的观赏价值主要体现在肉质根茎形状、大小和颜色等方面。目前主要应用在休闲农业采摘园中,如茭白、萝卜、菊芋、姜、莲藕等种植采摘。

2. 叶类观赏蔬菜 此类观赏蔬菜在休闲农业中应用较多,且具有较高的观赏价值。观赏对象主要体现在蔬菜的叶形、叶色上。目前主要应用在休闲农业园区中的观叶蔬菜,可分为散叶和球叶两类。散叶类蔬菜主要有彩叶生菜、羽衣甘蓝、红叶甜菜、紫苏、紫背天葵等。球叶类蔬菜主要有彩叶结球白菜、结球生菜、紫甘蓝等,可满足蔬菜在休闲农业中不同景观组合的观赏需求。

3. 花果类观赏蔬菜 该类蔬菜以花形奇特、花色丰富的花器官及不同果型、果色的蔬菜果实作为观赏对象。观花类蔬菜主要有宝塔菜、马齿苋、西蓝花、百合、红花菜豆等。观果类蔬菜可分为 3 类：瓠果类主要包括观赏南瓜、西葫芦、苦瓜、西瓜、黄瓜等；浆果类主要包括观赏茄子、樱桃番茄、辣椒等，可盆栽观赏，也可支架种植；荚果主要包括观赏菜豆、刀豆、秋葵、红秋葵等。花果类观赏蔬菜因其造型特异性而在休闲农业中应用较为广泛。

下面介绍几种比较有特色的观赏蔬菜。

第一节　马　齿　苋

马齿苋又名长寿菜、五行菜、太阳光、马齿菜、松叶牡丹、半支莲、死不了、草杜鹃等，为马齿苋科马齿苋属一年生草本植物。马齿苋是一种常用中草药，也是普通百姓喜欢食用的野生蔬菜，它是被医药界和食品界公认的一种"药食同源"植物。近年研究表明，无论从药理作用还是从食用保健看，马齿苋都是一种不可多得的良药和天然绿色佳蔬。因此，它是一种很有发展前途的绿色保健蔬菜，也是一种具观赏性和实用性的药用花卉。马齿苋风味独特、营养丰富、口感较好，可安排在夏季蔬菜淡季上市；其抗逆性、抗病性均很强，管理粗放；性喜高温高湿，耐寒，耐涝，具有向阳性，适宜在各种田地和坡地进行无公害栽培。

马齿苋通常匍匐平卧地面，通体无毛，茎呈鲜艳红紫色。茎的基部分枝向外延伸，长达 30 厘米。叶楔状矩圆形或倒卵形，长 10～25 毫米，宽 5～15 毫米。叶互生，也有对生，鲜亮、肥厚、肉质，无叶梗，苞片 4～5 片。花黄色，蒴果，盖裂，果内种子多数，种子黑褐色。7～9 月开花结果到果实成熟。种子千粒重约 0.48 克，发芽力能保持 3～4 年，如将种子储存于干燥低温处可保存 40 年。它广泛分布于全球温暖地带，多生长于菜园、路旁、田地、荒地等，资源十分丰富。马齿苋性喜高温高湿，耐旱耐涝，有向阳性，适应性强。发芽温度为20℃以上，最适温度 25～30℃，随着温度升高，生长发育加快。肥料以氮素肥料为主。生长期间，要保持土壤湿润。马齿苋属 C_4 植物，生长强健，对土壤要求不严格。但为了生产品质幼嫩的茎叶，宜选用保水力良好的沙质壤土栽培。同时，要注意选择阳光能照射到的田块，这样有利于促进茎叶繁茂生长。

一、品种选择

野生马齿苋常见的有宽叶苋、窄叶苋和观赏苋 3 种。其中，宽叶苋茎粗、叶片大而肥厚、较耐旱，是人工栽培的首选品种。

二、整地施肥

宜选避风向阳、地势高燥、排水良好、肥沃的壤土或黏壤土。深翻 25 厘米以上，拾净草根，整细耙平作畦。畦宽 1.3米，高 15 厘米，沟宽 20 厘米。结合整地，每亩施腐熟堆厩肥2 500 千克、过磷酸钙 50 千克作底肥。

三、播种育苗

繁殖可用播种和扦插的方法。播种育苗上市早，经济效益好，适宜大面积生产。扦插育苗可就地取材，但上市迟，经济效益差，仅适用于局部栽植或补植，不能用于商品生产。

3 月下旬至 7 月下旬播种，播种量每亩 100～200 克。条播、撒播均可，但条播易于管理。播前要浇足底水，用 4～5倍的细土和细沙将种子拌匀混合播种，播后盖厚约 1 厘米的细土。春季可搭盖塑料小拱棚，以提高气温、土温，促早萌发。夏季高温期播种，可薄盖松碎肥土，畦面盖草或铺遮阳网降温，维持土壤湿度。

四、田间管理

春播的当外界气温达 15～20℃时，拆除塑料小拱棚，以免高温、高湿诱发病害。夏播的若土面发白，应立即浇水，一旦出苗揭除盖草或遮阳网。当出现第一片真叶时，施用 10% 人粪尿或 200 倍的碳酸氢铵溶液催苗；在苗高 5 厘米、10 厘米、15 厘米时，各间苗一次，最后以株行距 10～15 厘米定苗。5～6 月旺盛生长时，应加强肥水管理，使马齿苋在干旱来临前枝叶繁茂。收获前 5～7 天，用 30 毫克/千克赤霉素液喷叶，可使植株嫩绿并增产 30% 以上。夏季若现蕾，可多次摘心，并追施氮素，促进枝叶生长，延迟开花。生长期还要加强中耕除草，配合根部培土，做好病虫害防治工作。虫害主要是蚜虫，病害主要有病毒病、叶斑病、白粉病。一旦病虫害发生，均可按常规方法进行防治。

五、适时采收

当苗高 25 厘米时应及时采收，因此时茎秆纤维少，食用鲜美，药用价值高。第一次采收后，一般每隔 10～25 天采收一次，一直采到 10 月上旬。每采收一次，亩用 25 千克碳酸氢铵追肥一次。采收后 2 天不浇水，以利于伤口愈合，第三天追肥，促隐芽萌发。

六、留种

5 月中旬选健壮株移到留种地定植，收获成熟种子，晒干储存。或者在生产地里选留一部分花蕾，让种子自然掉落、生根、发芽，直至长成植株。这样可 1 次播种，连续采收几年，不必年年播种。

第二节 紫背天葵

紫背天葵，又名红背菜、紫背菜、血皮菜、观音苋、两色三七草等，是菊科三七草属多年生宿根草本植物，原产于我国南部温暖湿润地区，在广东、福建、江西、四川、海南、台湾等地仍能发现野生种群。紫背天葵适应性广，栽培容易，营养丰富，食用方便，在我国及日本长期作为半驯化野菜进行栽培。其茎叶质地柔软嫩滑，具有独特的风味，可凉拌、做馅、用来炒蛋、糖醋腌渍或作涮火锅的配菜。它含有丰富的维生素A、黄酮类化合物以及作为酶的活化剂锰元素等，具有较高的保健药用价值。长期食用能活血止血、解毒消肿，对痛经、血崩、咯血、创伤出血、溃疡久不收口、支气管炎、盆腔炎等有一定的疗效。同时，还有抗寄生虫和抗病毒的作用，能增强人体的免疫能力。紫背天葵一般取其顶部10厘米左右的嫩梢作蔬菜食用。现代医学研究表明，其具有降血糖和血脂、调节免疫力、抗肿瘤、抗菌消炎、提高造血功能、抗氧化、抗衰老等多种保健功能，是近年来才开始兴起的药食同源蔬菜，有较好的市场应用前景。其茎紫红色，叶背紫色，花黄色，具有较高的观赏价值。因此，它是一种集菜用、药用、观赏于一体的优良特菜品种。

目前，我国各地栽培的紫背天葵品种大多为野生资源驯化而来，虽然有较好的营养食用和药用保健价值，但由于在食用时略有土腥味一直未能普及推广。近年来，以紫背天葵为亲本材料，与同属的野菜（如白背天葵等）杂交，已培育出口感较好的品种，紫背天葵才成为大众消费的蔬菜得以推广。生产上应选择分枝强盛、抗逆抗病、适口性好且既耐高温又较耐低温的品种栽培，以保证四季生产、周年供应。根据植株茎叶颜色差别，紫背天葵又分为紫茎红背叶种和紫茎绿背叶种两大类。

紫茎红背叶种的天葵叶背、茎及新芽叶片均为紫红色，随着茎的成熟，渐变成绿色。紫茎绿背叶种的天葵下部茎秆呈浅紫红色，节间短，分枝性少，叶小、椭圆形、先端渐尖，叶面及叶背深绿色，有短茸毛，黏液少，口感差，但较耐高温、干旱。

紫背天葵性喜温暖，抗逆抗病，既耐高温，也较耐低温。适宜茎叶生长的温度为 20～25℃，在 35℃的高温条件下生长稍差，能忍耐 3～5℃的低温，遇霜即发生冻害，长江流域冬季生产应有防寒保温设施。对光照要求不高，比较耐弱光，但在较好的光照条件下更易高产优质。对土壤肥力的要求不高，耐干旱瘠薄，但更喜润湿的土壤条件。黄壤、沙壤、红壤均可种植，但宜选肥沃疏松、保水保肥的沙质壤土或沙土栽培。适宜土壤 pH 为 6.5～7.5。

一、整地施肥

宜选排水通畅、疏松肥沃、保水保肥的微酸性壤土或沙壤土栽培。定植前土壤要深耕，结合翻地每亩施入商品有机肥 2 000～3 000 千克、高浓度三元复合肥 40～50 千克，土肥混匀，耙细整平，作成连沟宽 1.0～1.2 米、高 20～25 厘米的深沟高畦。

二、种苗繁育

紫背天葵常用的有种子繁殖、扦插繁殖等繁殖方式。

1. 种子育苗　紫背天葵利用保护地栽培，一般春季开花，6～7 月可结实，8～9 月及翌年 2～3 月可播种育苗。播种后 10 天可萌芽，真叶 5～6 片时定植入田，幼苗成株后可作无病毒母株无性繁殖用。

2. 扦插繁殖　一般大田生产所需种苗应在生长季节采枝直接扦插。其方法是：整好宽 1 米的干净苗床，每隔 10 厘米开浅沟一条，再将灰肥填进沟内。从健壮无花叶病毒的植株上剪取长 8～10 厘米的枝条，留 2～3 片叶，去掉下部叶片，按株距 6 厘米插入枝条。深度达 2/3 并压实，再浇足水，用遮阳网覆盖。经过 6～7 天新根新芽形成，撤去遮阳网，并施薄肥 1 次，苗高 10 厘米以上时即可定植。

三、合理密植

3 月下旬定植，种植密度视地力而定，肥沃土可种稀疏些，一般每畦栽 2 行，每穴栽 2～3 株。穴距 30～40 厘米，每亩用苗约 4 000 株，栽后及时浇足水分。

四、肥水管理

在植株封垄前，要及时松土除草。紫背天葵为多年生植物，在适宜的条件下生长迅速，产量高，所需肥料也较多。要想获得高产优质，采收季节应每亩增施腐熟厩肥 1 000 千克，培客土。每隔 15 天追肥 1 次，每亩用人粪尿 750～1 000 千克、高浓度三元复合肥 30 千克。水分管理原则是"见干见湿"，晴天每隔 7～10 天灌一次"饱水"，保持土壤湿润。

五、防治病虫害

农业防治采用高畦栽培、地膜覆盖；增施有机肥和磷钾肥，增强植株抗病能力；大棚栽培要特别注意通风降湿等。对根腐病可选用 50％多菌灵 800 倍液灌根或喷雾，每 6～8 天喷 1 次，喷雾时要兼顾地面。对叶斑病、炭疽、菌核病可选用 70％代森锰锌 500 倍液于发病初期喷洒，共喷 2～3 次。

六、适时采收

春季栽培，一般栽后 25～30 天就可采收；秋冬季栽培则需 40～50 天。温暖季节每隔 10～15 天采收 1 次，主梢长 25 厘米左右时就可采摘顶梢。第一次采摘宜留基部的 2～3 节，使新发生的侧枝略呈匍匐状，以后每个叶腋又长出一个新梢。下次采摘宜留茎基部 1～2 节，这样可控制植株的株形。采收的次数越多，植株越茂盛。一般全年每亩可采收 4 000 千克，收获后如不立即食用，用保鲜膜包好随后置于 4.5～7℃ 下储藏。

第三节　观赏茭白

茭白属于禾本科菰属多年生浅水草本，具匍匐根状茎。秆高大直立，高 1～2 米。叶舌膜质，长约 1.5 厘米，顶端尖；叶片扁平宽大，长 50～90 厘米，宽 15～30 毫米。圆锥花序长 30～50 毫米，分枝多数簇生，上升，果期开展。颖果圆柱形，长约 12 毫米，胚小形，为果体的 1/8。

茭白原产于中国及东南亚，是一种较为常见的水生蔬菜。全草为优良的饲料，为鱼类的越冬场所，也是固堤造陆的先锋植物。

茭白是喜温性植物，生长适温 10～25℃，不耐寒冷和高温干旱。平原地区种植双季茭白为多，双季茭白对日照长短要求不严，对水肥条件要求高，而温度是影响孕茭的重要因素。

茭白根系发达，需水量多，适宜水源充足、灌水方便、土层深厚松软、土壤肥沃、富含有机质、保水保肥能力强的黏壤土或壤土。

一、品种选择

选择优质本地品种，要求产量高、品质优、外观性状好。如浙茭 2 号、浙茭 3 号、浙茭 911 等。

二、茭苗选择

茭白采用无性繁殖，茭白种苗要选择当年株形整齐、孕茭率高、茭肉肥大、结茭部位低、没有雄茭和灰茭、分蘖节位低、成熟一致的茭墩留种。每年要不断地严格筛选茭白种苗，以保持种性。

三、栽培季节

春季栽培在 3～4 月进行。

四、整地施肥

基肥应以腐熟的有机肥为主，每亩用量 2 000 千克。化肥可以每亩施用三元复合肥 50 千克或者茭白专用肥 60～80 千克，然后深翻。

五、分株移栽

茭白每亩 400 株，3 月中旬定植。按每株 3～5 条健康的分蘖苗，每个分蘖苗有 3～4 张叶片的要求分切，不要损伤分蘖芽和新根。

六、水分管理

灌水移栽成活后保持 3～5 厘米的浅水，促进分蘖。分蘖前加水至水深 6～7 厘米，后期至孕茭期加深水层 15～20 厘米，孕茭期保持水层 20 厘米左右，不让茭白见光。

七、追肥

一般移栽 7～10 天后追提苗肥，孕茭期再进行一次追肥，分别亩施高浓度三元复合肥 20～25 千克或者茭白专用肥 30～40 千克。

八、剥枯叶、拉黄叶

孕茭期植株茂盛，剥枯叶、拉黄叶就是去除枯老的叶片，增加田间通风透光性，以利于茭白的形成，便于减少病虫害发生。

九、适时采收

单季茭白 8 月下旬至 9 月上旬上市。当肉质茭明显膨大，叶鞘抱合处分开，3 片叶长齐，心叶萎缩时就可采收。

第四节　观赏莲藕

莲藕原产于印度，很早便传入中国。莲藕属木兰亚纲山龙野目。喜温，不耐阴，不宜缺水、大风。莲藕微甜而脆，可生食也可做菜，而且药用价值相当高。它的根根叶叶、花须果实，无不为宝，都可滋补入药。用莲藕制成粉，能消食止泻，开胃清热，滋补养性，预防内出血，是妇孺童妪、体弱多病者上好的流质食品和滋补佳珍。藕是莲肥大的地下茎，可作食用。

莲藕喜温暖，15℃以上种藕才可萌发，生长旺盛期要求温度 20～30℃，水温 21～25℃。结藕初期要求温度亦较高，以利于藕身的膨大；后期则要求昼夜温差较大，白天 25℃左右，夜晚 15℃左右，以利于养分的积累和藕身的充实。休眠期要求保持 5℃以上，低于 5℃，藕易受冻。莲藕为喜光植物，不耐阴，生育期内要求光照充足，对日照长短的要求不严。前期光照充足，有利于茎、叶的生长；后期光照充足则有利于开花、结果和藕身的充实。莲藕整个生育期不可缺水。萌芽生长阶段要求浅水，水位以 5～10 厘米为宜。随着植株进入旺盛生长阶段，要求水位逐渐加深至 30～50 厘米。以后，随着植株的开花、结果和结藕，水位又宜逐渐落浅，直至莲藕休眠越冬，只需土壤充分湿润或保持浅水。水位过深，易引起结藕延迟和藕身细瘦。水位猛涨，淹没荷叶 1 天以上，易造成叶片死亡。

莲藕生长以富含有机质的壤土和黏壤土为最适，土壤有机质的含量至少应在 1.5% 以上，土壤 pH 在 5.6～7.5，以 6.5 为最适。莲藕要求氮、磷、钾三要素并重，品种间也存在着一定差异。子莲类型的品种氮、磷的需要量较多，藕莲类型则氮、钾的需要量较多。

莲藕的叶柄和花梗都较细脆，而叶片宽大，最易招风折断。叶柄或花梗断后如遇大雨或水位上涨，能使水从气道中灌入地下茎内，引起地下茎腐烂。生产上常在强风来临前灌深水，以稳定植株，减轻强风对莲藕植株的危害。

一、地块选择

利用保护地种植莲藕，应选择土壤肥沃、地势平坦、水源充足、渗水较轻的田块建棚。透水快的地块可在土壤耕层下铺设塑料薄膜，以防止水分下渗。

二、品种选择

选择浅水莲藕品种进行栽植，禁止红花种与白花种混种同一田块，大田栽植可用整藕（整枝莲藕栽培生产效果最好）、主藕、子藕等，也可以用藕节、顶芽等进行假植，培育出莲藕幼苗。种藕要求有完整的顶芽和须根，色泽鲜艳，表皮光滑，无病、无伤、健壮等。

三、整地施肥

基肥应以腐熟的有机肥为主，每亩用量 1 吨，化肥可以每亩施用 15～25 千克磷酸二铵或 50～70 千克过磷酸钙。另外，每亩还需要施用 3.5 千克锌肥和 1 千克硼肥。耕翻平整好土地备用。此项工作应在春节前完成。

四、准备大棚

大棚以南北走向为好，长度以 70～80 米为宜。棚体宽度越大，早期莲藕长势越好。为提早成熟期，棚体宜宽不宜窄，一般以 6～8 米为好，大棚应在 2 月底之前建成，并扣棚增温。

五、播种

当土壤温度升至 8℃以上时可以播种，以 3 月 18 日左右播种为宜。每亩种子用量为 200～250 千克。种藕应按大小分片播种，边行藕芽应朝向棚内。

六、水分管理

播种后浇水，水深应保持在 15 厘米左右。这样可以抑制杂草，还可以迅速提高温度。在 4 月上旬立叶出现后，水位可提高到 20～25 厘米。

七、追肥

在大棚栽植莲藕追施碳铵、尿素及含尿素的复合肥均易引起烧苗，必须在土壤中施氮肥，并日夜通风 3～4 天。莲藕出现立叶后开始生根吸收肥料，之后进入旺盛生长阶段，而莲藕地下茎生育期很短。因此，在 4 月初立叶出现后，应大量追施速效性的肥料，每亩可施用 20 千克尿素和 25 千克硫酸钾。

八、及时采收

如果种植子莲，莲蓬陆续形成时，分批采收。莲藕的采收时间较长，采收时应先找到后把叶和终止叶，二者连线方向即是藕的着生位置。在白露、秋分以前采收的莲藕大多为鲜藕，含糖和水分较多，含淀粉少，宜生吃；在寒露、霜降以后采收的藕，成熟较好，淀粉含量高，称为老藕，宜熟食和加工藕粉。藕种采收可延长到翌年 4 月。

第五节　羽衣甘蓝

羽衣甘蓝是一种食用与观赏兼用的植物。因其叶片散生，既不形成叶球，又不形成花球，故名羽叶甘蓝，也称牡丹菜、海甘蓝，是十字花科芸薹属甘蓝种的一个变种，为二年生草本植物。原产于欧洲地中海至北海沿岸等，在欧洲普遍栽培。近几年，我国从日本、荷兰等地引入栽培，因其含有大量维生素A、维生素C、维生素B_2及多种矿物质，特别是钙、铁、钾含量很高，其营养价值远高于普通甘蓝，一般作为特菜栽培。由于有很多羽衣甘蓝品种红、黄、绿相间，叶色鲜艳美丽，皱缩特殊，形态迥异，所以又被广泛用于观叶植物栽培。常用来布置广场、公园、花坛、街面和酒店宾馆等环境景观，已经越来越受到各地人们的喜爱。

一、品种选择

选用植株形态美观、抗病、抗虫、抗逆性强、适应性广的适宜品种。观赏型品种主要有东京圆叶系（叶为圆形，耐寒力强，适合用于花坛）、皱叶系（叶缘有很细小的皱折，为人气品种，耐寒力比圆叶系稍差）、大阪圆叶系（介于圆叶系和皱叶系之间，叶缘成波浪状，耐寒力佳）、珊瑚状裂叶系（新形态的叶牡丹，叶面较大且宽，叶缘有深裂的缺刻，形似珊瑚分支的样子，耐寒力超强，但转色较慢）、孔雀羽状裂叶系（叶缘有比珊瑚状更细小的深裂缺刻，形似孔雀羽毛般的优雅，耐寒性与珊瑚状相同）等品种。

二、播种育苗

1. 种子处理　将种子放在50℃温水中浸种20分钟，并不停地搅拌。捞出后晾干播种，或用种子量0.3%的35%瑞毒霉可湿性粉剂或50%福美双可湿性粉剂拌种。

2. 穴盘育苗　选择72孔穴盘，将基质装满穴盘，盘面用刮板刮平。然后，用专用压板或用直径1厘米小棒下压1厘米。用全自动播种机、六针式播种器或人工播种，每穴孔播一粒，播后用蛭石覆盖，盘面用刮板刮平。将播种后的穴盘移到苗床上，横向摆放，2 盘 1 排，布好床后用喷水壶或喷雾器浇。

3. 苗期管理　出苗后每 1～2 天早晨浇透水 1 次，阴雨天用薄膜覆盖避雨。冬季育苗注意保温，采取防寒、防冻措施。

三、整地作畦

羽衣甘蓝生长期长，对营养需求量较大，整地前要施足基肥。一般亩施商品有机肥 2 000 千克，深耕细耙作高畦，畦面宽 1.4～2 米，畦高 15～20 厘米，畦沟宽 40～45 厘米。畦面平整一致，以龟背状为佳，确保排水畅通。

四、适时定植

当幼苗长至 4～5 片真叶时，可开始定植到大田，株行距为 30 厘米×40 厘米，每亩 3 500～4 000 株。定植前，穴盘和营养钵育苗的可施一次薄肥，带肥栽种。苗床育苗的可在定植后施"定根肥"，以促进小苗的早生快长。

五、肥水管理

定植后及时浇水，保持土壤湿润，雨天及时排水、防涝。缓苗后及时追肥，在装盆或移栽到绿化带前，结合田间中耕除草追肥 1～2 次。

六、装盆移栽

作为观赏用途时，当苗长至 7～8 片真叶、植株生长进入莲座期时，可开始装盆或移栽到绿化带。根据苗株的大小分级分批进行，茎长的必须深植而茎短的可适当浅植，使植株冠面能基本呈一直线。栽种时，注意防止土壤流失，株形不能散开，做到边种边稍微按压一下，让植株保持直立不倒伏。栽后及时浇水，以利于定根保湿，尽快恢复生长。

七、防治病虫害

羽衣甘蓝主要有斜纹夜蛾、菜青虫、小菜蛾、霜霉病及黑斑病、软腐病等危害。斜纹夜蛾、菜青虫、小菜蛾可用菊酯类农药进行防治；黑斑病、霜霉病、软腐病等可用百菌清等防治。

八、菜用采收

长到 10 片真叶左右时，可陆续采收下部嫩叶，每次采 1～2 片，要注意去掉叶片呈平展、颜色深、没有食用价值的老叶。捆成 200 克左右 1 把，切齐叶柄出售。以后每 7～10 天采收 1 次，一般每亩产量 1 500～2 500 千克。

主要参考文献

曹华，2001. "特种蔬菜"栽培（四）——抱子甘蓝和羽衣甘蓝栽培技术 [J]. 中国蔬菜（5）：52-54.

陈定顺，胡得荣，2014. 板蓝根栽培技术 [J]. 农业科技与信心（22）：27、33.

陈建明，何月平，张珏锋，等，2012. 我国茭白新品种选育和高效栽培新技术研究与应用 [J]. 长江蔬菜（16）：6-11.

段梅芳，曾林，陆顺生，等，2015. 浅水莲藕栽培技术的应用 [J]. 安徽农业科学，43（19）：44-45.

符长焕，翁丽青，郑许松，等，2013. 双季茭白新品种余茭4号的特征特性及栽培要点 [J]. 浙江农业科学，54（9）：1108-1109.

郭美容，2014. 无公害叶用芥菜栽培技术要点 [J]. 农技服务（4）：31.

郝永祥，陆海荣，2012. 双季茭白栽培技术 [J]. 现代农业科技（10）：135.

胡美华，王来亮，金昌林，等，2011. 单季茭白种苗繁育新技术——薹管寄秧育苗法 [J]. 长江蔬菜（23）：21-23.

怀海华，2018. 浙北地区莲藕浅水栽培技术探讨 [J]. 农艺农技（6）：31-34.

李从荣，2004. 莲藕不同繁殖方法的研究 [J]. 云南农业（2）：27.

李建荣，吕秀琴，翁丽青，等，2003. 高山茭白无害化生产技术 [J]. 浙江农业学报，15（3）：197-199.

刘静，柳林虎，李慧敏，等，2013. 荠菜栽培技术 [J]. 蔬菜（7）：36.

陆能阜，项小敏，2018. 浙江衢州莲藕主栽品种及高产栽培技术 [J]. 中国园艺文摘（4）：177-178.

马宁，田婧，秦四春，等，2015. 观赏蔬菜在休闲农业中的应用 [J]. 安徽农业科学，43（35）：256-257.

彭静，柯卫东，黄新芳，2001. 莲藕的组织培养与快速繁殖 [J]. 植物生理学通讯，37（1）：38.

覃进朝，2014. "稻－藕－鱼"套种套养技术要点［J］. 渔业致富指南（12）：33－35.

邱宏良，麻亚鸿，徐佩娟，等，2015. 大棚双季莲藕早熟高产栽培技术［J］. 农村百事通（24）：37－38.

沈斌，2016. 特种香料作物罗勒的栽培技术［J］. 农村百事通（15）：30－31.

沈学根，陈建明，徐杰，等，2010. 双季茭白新品种"龙茭2号"［J］. 园艺学报，37（1）：165－166.

沈子尧，张永根，沈学根，等，2017. 双季茭白大棚＋地膜双膜覆盖早熟栽培技术［J］. 浙江农业科学，58（8）：1335－1339.

宋加林，2010. 藕田套养小龙虾技术总结［J］. 江西水产科技（4）：30－31.

王光全，孟庆杰，2006. 药食兼用佳蔬马齿苋栽培技术「J」. 北方园艺（6）：79.

王来亮，陈金华，丁潮洪，等，2015. 大棚茭白套种丝瓜立体高效种植模式［J］. 长江蔬菜（13）：25－27.

杨春艳，陈秀斌，王春国，2016. 大棚马兰头栽培技术［J］. 特种经济动植物（9）：38.

杨永碧，2016. 板蓝根栽培技术及产业发展模式［J］. 现代农村科技（17）：14.

杨玉兰，2011. 特色蔬菜紫背天葵栽培技术［J］. 农村新技术（7）：27.

姚良洪，沈卫林，张永根，2016. 桐乡市茭白田养鸭效益分析与技术要点［J］. 浙江农业科学，57（10）：1633－1634.

俞晓平，李建荣，施建苗，等，2003. 水生蔬菜茭白及其无害化生产技术［J］. 浙江农业学报，15（3）：109－117.

张建福，王锋，2002. 莲藕组织培养与微繁殖技术初探［J］. 上海农业科技（6）：17－18.

张士罡，李为学，2016. 藕田立体高效养殖泥鳅黄鳝［J］. 畜禽水产养殖（7）：28－29.

赵磊，2017. 蒲公英栽培技术［J］. 吉林农业（18）：83.

周治平，周家祥，胡丕德，1989. 莲藕有性繁殖技术［J］. 湖北农业科学（3）：29-30.

诸尧兴，2012. 马兰头营养价值及栽培技术［J］. 现代农村科技
（1）：15.

图书在版编目（CIP）数据

南方特色蔬菜高效生产技术 / 翁丽青，孟秋峰，郑华章主编. —北京：中国农业出版社，2019.11（2021.6 重印）
ISBN 978 - 7 - 109 - 26137 - 2

Ⅰ.①南…　Ⅱ.①翁…　②孟…　③郑…　Ⅲ.①蔬菜园艺　Ⅳ.①S63

中国版本图书馆 CIP 数据核字（2019）第 254279 号

中国农业出版社出版

地址：北京市朝阳区麦子店街 18 号楼
邮编：100125
责任编辑：冀　刚
版式设计：杜　然　责任校对：刘丽香
印刷：中农印务有限公司
版次：2019 年 11 月第 1 版
印次：2021 年 6 月北京第 2 次印刷
发行：新华书店北京发行所
开本：850mm×1168mm　1/32
印张：6.5　插页：4
字数：220 千字
定价：40.00 元
